南京水利科学研究院出版基金资助
国家重点研发计划课题(2022YFC3202503)
中央公益性科研院所基本科研业务费项目(Y323008、Y322008)

寒区长距离引调水工程安全保障技术创新与实践

王　羿　张　晨

仇　巅　王世玉　赵多明　王安强　　著

U0379815

东南大学出版社
SOUTHEAST UNIVERSITY PRESS
·南京·

图书在版编目（CIP）数据

寒区长距离引调水工程安全保障技术创新与实践 /
王羿等著. -- 南京：东南大学出版社，2024. 12.
ISBN 978-7-5766-1868-6

Ⅰ. TV221

中国国家版本馆 CIP 数据核字第 20247NM197 号

责任编辑：魏晓平　责任校对：韩小亮　封面设计：毕　真　责任印制：周荣虎

寒区长距离引调水工程安全保障技术创新与实践
Hanqu Changjuli Yindiao Shuigongcheng Anquan Baozhang Jishu Chuangxin Yu Shijian

著　　者：王　羿　张　晨　仇　巅　王世玉　赵多明　王安强
出版发行：东南大学出版社
社　　址：南京市四牌楼 2 号　　邮编：210096
出 版 人：白云飞
网　　址：http://www.seupress.com
经　　销：全国各地新华书店
印　　刷：广东虎彩云印刷有限公司
开　　本：787 mm×1 092 mm　1/16
印　　张：10.25
字　　数：256 千字
版　　次：2024 年 12 月第 1 版
印　　次：2024 年 12 月第 1 次印刷
书　　号：ISBN 978-7-5766-1868-6
定　　价：68.00 元

本社图书若有印装质量问题，请直接与营销部联系。电话(传真)：025-83791830

目　录

第一章　绪　论

1.1　引言

随着经济社会的快速发展,水资源短缺已成为制约世界各国发展的瓶颈。我国水资源总量多,但人均占有量少,不足 2 400 m³,约为世界人均水资源占有量的 1/4,被列入 13 个贫水国家之一。同时,受海陆分布、水气来源、地形地貌等因素影响,我国亦面临着水土资源南北分布极不均衡的严峻形势,南涝北旱现象逐年加重,其中北方土地面积占全国总面积的 65.5%,水资源量仅占全国总量的 19.1%,西北干旱地区占全国陆地面积的 35.4%,但水资源拥有量仅占全国的 4.6%(表 1.1-1)。[①]

表 1.1-1　西北干旱地区水资源总量[②]　　　　　　　　　　单位:亿 m³

西北地区	地表水资源	地下水资源	水资源总量
新疆北部	439.00	43.38	482.38
新疆南部	445.00	42.26	487.26
河西走廊	70.00	11.60	81.60
内蒙古西部	15.10	43.10	58.20
全区	969.10	140.34	1 109.44

为优化配置西北干旱地区的水资源,有效调节水资源供需矛盾,促进西北干旱地区的水利现代化建设和经济社会的可持续发展,一大批输调水工程在西北干旱地区得以建设。与管道和隧洞相比,明渠作为主要输水结构具有输水流量大、造价低、水头损失小、易维护以及对水生态环境友好等优点,在西北干旱地区的大规模引调水工程和灌区工程中得到了广泛应用。然而,随着各类新引水工程的建设以及原有渠道衬砌工程的老化,西北干旱地区大规模引调水工程和灌区工程的渗漏问题日益严峻,造成农业灌溉和其他用水的严重浪费。渠道水的渗漏不仅会浪费珍贵的水资源,降低渠系水的利用率,还会减少农田灌溉面

---

①② 陈亚宁,李忠勤,徐建华,等. 中国西北干旱区水资源与生态环境变化及保护建议[J]. 中国科学院院刊,2023,38(3):385-393.

积,增加灌溉成本,并导致地下水位的抬升,使得土壤盐碱化,从而影响农田的产量。因此,在西北干旱地区的大规模引调水工程和灌区工程中,建设衬砌防渗工程不仅可以节约水资源,提高输水效率,还可以缓解我国水资源的供需矛盾,对于我国的社会经济效益和健康持续发展具有极为深远的意义。

我国北方地区包括西北干旱地区存在季节冻土分布区域,被称为寒区,其面积约占全国面积的53.5%。我国寒区气候地质条件复杂,其中季节性低温可达 $-10 \sim -40 \, ℃$,高频短周期突变温差为 $10 \sim 50 \, ℃$,存在膨胀土、分散性土等特殊土,地质条件差异大,同时亦有荒漠、无人区等环境恶劣地区。寒区输水渠道季节性运行,行水期渗漏导致渠基含水量和浸润线升高,随之带来边坡不均匀沉降、边坡坡脚软化、管涌流土乃至滑坡等灾害。在冬季,受季节冻土影响,土体冻融造成的冻胀融沉交替频繁,造成了渠道衬砌的开裂、错动、鼓胀、脱空乃至整体滑塌(图1.1-1),致使其行水功能降低,从而次年渗漏更为严重,增加了工程的运行维护成本,制约了寒区输调水工程效益的发挥。以新疆的北疆长距离供水渠道为代表,其建成至今,行水期渠道沿线渗漏成为难以根除的顽疾,首先表现为渠道表面的衬砌板起伏变形;其次表现为外坡面干湿循环裂缝、土体湿化导致坡面变形、渗漏破坏乃至滑坡;此外冬季停水后,因内水外渗产生初期的衬砌水胀破坏、冻胀破坏以及春融期内边坡失稳滑塌等多种灾害。据统计,黑龙江省某大型灌区支渠以上渠系的83%以上的工程数均存

冻胀

滑坡

水胀

管涌

图1.1-1 渠道典型破坏形式

在不同程度的渗漏及冻融破坏,吉林省某大型灌区破坏工程数占比为 39.4%,青海万亩以上灌区的 50%~60%,以及内蒙古、宁夏、山西、山东、陕西、甘肃等地普遍存在严重的因渗漏及冻融导致的衬砌损毁和渠道坍塌问题,对渠道的安全运行带来了极大挑战。

针对渠道工程运行期渗漏-冻融破坏问题,众多学者从现场观测、室内试验、理论分析和数值模型方面进行了大量研究,在土体渗流及渗透破坏机理、渗流稳定机理、土体冻胀变形机理、渠道衬砌结构力学模型与失效机理和土体冻融强度劣化等方面取得了重要成果。但是,一方面,研究工作还局限在从静态极限平衡的观点研究单一冻胀破坏形式,而渠道运行过程中渗漏与冻融破坏往往是多种内外因素长期作用且动态耦合作用的结果,造成渠基土体和衬护结构性能劣化演变、累积后产生破坏性灾害,同时初期破坏诱导后期更为严重的破坏发生。孤立的机理研究忽略了前期致灾因子的积累效应,无法合理评估渠道工程灾害发生所造成的影响,也无法对可能产生的灾害采取准确的提前控制措施。以上导致了新修或改建渠道即使满足当前安全规范,仍在一个或多个运行周期后再次发生破坏,或未有预兆情况下突发严重灾害。

另一方面,寒区长距离供水渠道往往穿越线路长,很多地区荒无人烟,冬季极端寒冷,日夜温差非常大,影响渠道安全的因素多,涉及温度、变形、应力等多场耦合问题,传统人工巡查风险追踪方式追踪效率较低,难以覆盖长距离输水工程的全线,发现异常情况后,传统追踪方式缺乏有效直观的工程信息来辅助决策,因此传统监测方法面对很大的挑战。而现有的监测多以断面监测为主,是对渠道断面"点"的监测,获取数据信息量有限,无法做到全线监测信息的覆盖。同时,寒冷地区渠道安全监测涉及环境、渗流、变形、应力等多场参数的监测,监测条件苛刻,监测参数众多。此外,对于冻胀量、冻胀力等重要安全指标,传统的冻胀变形计受限于测量方式,其基准点(不动点)常选在渠道顶部位置,当土体发生冻胀变形时,渠道顶部产生一定的冻胀变形量,这将导致测得的整体冻胀变形量过小,无法有效反映渠道实际冻胀破坏情况。最为关键的是,传统的冻胀变形计通常只能测量渠道某一点的冻胀变形量,选点随机性比较大,难以确定渠道冻胀变形的最大区域,并且无法整体反映渠道的冻胀变形情况。因此如何根据实测的冻胀变形数据,准确推测渠道总体冻胀变形,也一直是困扰工程界的难题。

当前,在全球气候持续转暖的大背景下,我国北方环境气候将更为复杂,水资源短缺问题将更加突出,支撑区域社会经济发展和生态环境建设的用水需求将进一步扩大,这使得我国寒区长距离供水工程运行管理面临重大技术挑战:一是如何保障渠道供水安全,二是如何科学提升渠道供水能力与效率。按照国家水网建设战略部署,针对极端气候与其他复杂条件下的寒区长距离供水渠道安全保障与供水能力提升的迫切需求,突破领域技术壁垒与瓶颈,提升区域供水能力,降低工程风险管理与预防成本,对于整体提升我国北方寒冷地区渠道供水能力与安全保障水平,以及为促进区域经济社会可持续发展提供必要的技术支持,具有重要的理论与现实意义。

1.2 寒区引调水工程建设与运管存在的不利因素

我国是世界上最早进行调水工程建设的国家之一,古代有著名的都江堰、大运河以及灵渠等。1949年以后,特别是改革开放以来,我国陆续新建了一批大型调水工程,如江水北调工程、引滦入津工程、引黄济青工程、引大入秦工程、引黄入晋工程,以及著名的南水北调东线、中线工程等。南水北调东线工程输水干线全长1 150 km,其中黄河以南651 km,穿黄段9 km,黄河以北490 km,主要工程包括输水工程、蓄水工程及供电工程,其中输水渠道为输水工程的主体工程,90%利用现有河道。南水北调中线工程是世界范围内已知规模最大的调水工程,调水总长度1 390 km,全线以输水渠道为主。南水北调中线工程的设计流量具体为:一期渠首为350 m³/s(加大流量420 m³/s),过黄河为440 m³/s(加大500 m³/s);二期渠首为630 m³/s,过黄河为500 m³/s,进北京、天津均为70 m³/s。此外,北疆供水工程是西北地区规模最大的引调水工程,一期工程全线除少部分隧洞、倒虹吸及极少量渡槽外,均为输水明渠输水,该工程也是寒区引调水工程的典型代表。

大型长距离输水明渠的主要结构类型包括填方渠道(一般填方高度7~15 m)、挖方渠道(挖方深度5~40 m)和半挖半填渠道,断面形式主要为梯形和弧脚梯形两类。渠道防渗结构类型多样,包括预制混凝土板+一布一膜复合防渗、全断面现浇混凝土衬砌+土工膜复合防渗、弧底现浇+坡面预制混凝土块+防渗膜等。

以北疆供水工程为代表的寒区长距离引调水工程,有以下建设特点。

1. 环境恶劣

北疆供水工程一期工程输水线路长800余km,已建成运行总干渠133 km渠系、西线供水329 km渠系和南线供水379 km渠系。工程区深居大陆腹地,自北向南横穿戈壁和沙漠,远离人群,以某管理处为中心半径150 km内几乎没有人烟。渠首冬季严寒,气温低至−42 ℃,最大冻土深度达2 m以上;沙漠段夏季酷暑,高温至40 ℃以上,风沙活动频繁,风速极大、风力极强,每年4—9月风期各月最大定时风速值均大于10 m/s,其中5月最大定时风速高达28 m/s。

2. 工程规模巨大

北疆供水工程可以说是现代水利工程的博物馆,其中沙明渠(长166 km)、倒虹吸、隧洞、水库等关键工程的建设管理和运行管理技术复杂,具有很大的挑战性。

3. 长距离输配水工程,运行管理难度大

基于工程的地理、地形特点,北疆供水工程全线采用自流输水,无外加动力设施。这是北疆供水工程区别于其他远距离引水工程的一个重要水力特点。多种建筑物组合输水,各建筑物之间的水力衔接过程复杂,进出流量的不平衡有可能给系统运行和控制带来风险。因此,对供水过程的控制要求较高,从而使运行管理的难度加大。另外由于工程所经区域地形、地质条件复杂,工程安全监控项目多,监测任务繁重,运行管理难度增加。

位于寒区的长距离输水渠道,多为季节性输水渠道,行水期渗漏导致渠基含水量和浸润线升高,随之带来边坡不均匀沉降、边坡坡脚软化、管涌流土乃至滑坡等灾害。在冬季,受季节冻土影响,土体冻融造成的冻胀融沉交替频繁,造成了渠道衬砌的开裂、错动、鼓胀、脱空乃至整体滑塌,制约了工程效益的发挥。常见的破坏形式总结如下。

对于运行期,渠道渗漏灾害类型主要包括以下两个方面。

(1) 渗透破坏

渗透破坏是指渠身或渠基由于渗流而引起的渠道变形或破坏。渗透破坏产生的原因是由于渗流产生的实际渗透比降大于土的临界渗透比降,堤身后部出流部位残留过大的剩余水头、侵蚀土体,土体产生渗透破坏。渗透破坏的类型有管涌、流土、接触冲刷和接触流土4种。在单一性状的土层中,一般发生管涌或流土破坏,在多层土中一般发生接触冲刷或接触流土破坏。

管涌通常表现为泡泉、沙沸、土层隆起、浮动、膨胀、断裂等。管涌一般发生在渠道工程的砂性基础部位,当高洪水位出现时,渗透坡降突然增大,如在渠道内坡脚覆盖土层不厚的薄弱地方,渗透坡降超过土层临界坡降值,土层则很可能被顶破,产生渗流挟带泥沙溢出,这就形成了管涌险情。如堤基内部的细沙粒在渗透压力作用下继续缓慢地在粗颗粒间隙移动,就可能形成贯穿式通道(即穿孔),久而久之得不到制止就会造成塌陷、跌窝等更为严重的险情。

流土是指在渗透力作用下,土体中的某一颗粒群同时起动而流失的现象。流土通常发生在渠道的基础部位,这种破坏形式在黏性土和无黏性土中均可以发生。虽然发生流土破坏的土体颗粒之间都是相互紧密结合的,相互之间具有较强的约束力,可以承受较大的水头,但是,流土破坏的危害性却是最大的:若发生流土破坏,土体就会整体破坏,流土通道会迅速向上游或横向延伸;若抢险不及时或措施不得当,就有造成土体结构破坏,引发溃堤灾难发生的危险。

接触冲刷是指渗流沿两种不同土层接触面流动时,沿层面带走细颗粒的现象。接触冲刷一般发生在堤身与其他建筑物的结合部,发生的主要原因是施工时处理不到位或后期运行中出现裂缝等安全隐患。接触冲刷的本质是细土层中的细颗粒从粗土层孔隙中流失,当粗土层中的孔隙直径大于细土层中可以移动的颗粒粒径时,接触冲刷才具备基本条件,这种基本条件是内部条件。另一条件是外部条件,即推动可移动颗粒运动的条件,称之为水力条件。只有同时具备了这两种条件,层状土在层间渗流的作用下才会产生接触冲刷。

接触流土是指渗流垂直于渗透系数相差较大的两相邻土层的接触面流动时,将渗透系数较小的土层中的细颗粒带入渗透系数较大的另一土层的现象。

(2)失稳破坏

几乎所有的渠道工程都有裂缝,关键是这些裂缝是否会发展成为渠道破坏的可能性。一旦裂缝发展到某种程度,就可能成为渠道破坏隐患。

如果裂缝是贯穿性的横向裂缝,就可能成为集中渗流通道,导致渠道渗流冲刷破坏,可能导致溃决或决口。即使是表层裂缝,在渠道水位上升时,也有可能成为过水通道,危及安全,而且,汛期多雨水,雨水渗入裂缝,将加速裂缝发展。如果是纵向裂缝,则可能是渠道破坏的前兆,若裂缝两端向上游或下游方向发展,更有整体滑动的可能;如果再遇到汛期雨水多,雨水进入裂缝,将加速滑动发生。

失稳破坏是指渠道局部滑坡或整体滑坡引发渠道溃决或决口。按边坡滑动发生的位置,失稳破坏可分为临水面滑坡、背水面滑坡和崩岸3类。

滑坡的产生是多种因素共同作用的结果,可将其分为内部因素和外部因素。岸坡结构是滑坡形成的内部因素。结构松散有软弱夹层,或者松散堆积斜坡的土石界面在饱水时出现泥化等情况均会导致岸坡滑动。持续强降雨或者岸坡地下水位过高是导致渠道滑坡的外部因素。持续降雨使渠道近坡面部分土体负孔压消失,成为滑坡的触发因素。

对于冬季不存水渠道,渠道冻害类型包括以下三个方面。

(1)冻胀破坏

冻胀破坏是指渠基土冻胀和融沉对混凝土衬砌结构的破坏。当渠基土为冻胀性土,且含水率大于起始冻胀含水率时,在冬季负温的作用下,由于渠基土中的水冻结后体积增大,造成土体膨胀,使衬砌结构隆起。当冻胀变形超过衬砌结构的允许变形时,或因冻胀而产生的冻胀力超过衬砌结构的抗裂、抗拉强度时,衬砌结构就会开裂甚至折断。如不及时维修和处理,并继续输水运行,其冻害将逐渐加剧,直至破坏。在渠基土冻结期间,如果地下水位较高,或有其他水源流入渠基,将会有大量的水向冻结锋面转移和结冰,其产生的渠基土冻胀变形加大,从而使冻害破坏更加严重。在春季消融时又造成渠床表层过湿,使土体失去强度和稳定性,最终导致衬砌体的滑塌。

(2)冻融破坏

冻融破坏是指混凝土衬砌材料内部孔隙水的冻融造成的衬砌板破坏。混凝土衬砌材料具有一定的吸水性,又经常处于有水环境中,因此材料内总是含有一定的水分,这些水分在负温作用下冻结成冰,体积会发生膨胀,比原体积增大9%。当这种膨胀作用引起的应力超过材料的强度时,材料就会产生裂缝。在第二个负温周期中,其吸水性增大,结冰膨胀破坏的作用更为剧烈,经过多个冻融循环应力的反复作用,最终导致衬砌材料的破坏。冻融破坏经常表现为混凝土衬砌板表层剥落、冻酥等。

（3）冰冻破坏

冰冻破坏是指冬季输水渠道水体结冰对衬砌结构的破坏。我国寒冷地区大部分灌溉渠道在冬季停止输水，但少数渠道要持续发电供水、工业供水、城市供水等。在负温期间供水时，渠道里的水体常常会结冰，产生冰冻破坏。渠水结冰时，起初只是形成岸冰，在特别寒冷或严寒条件下，岸冰逐渐向渠道中心扩大，逐步连成一片，最后表面完全封冻。此后，冰冻层逐渐加厚，对渠道衬砌体产生冰压力，造成衬砌体的位移和破坏，或在冰压力和渠基土冻胀力的作用下鼓胀。该冻胀破坏的特点是冻胀量大，鼓起的衬砌板下冬季输水阶段是冰和冻土，春季消融后是稀泥和空洞。同时，当渠水面封冻后，上游漂浮的冰块或冰屑团部分钻到冰面以下，当来冰量大于排冰能力时，冰块及冰屑就会在某个断面的冰面下积累，使过水断面减小，逐渐演变到断面完全被封堵，形成冰坝，即会造成渠水满溢，甚至溃渠的事故。

引起输水明渠结构发生破坏的原因既有内部因素，又有外部因素，影响工程效益发挥的不利因素可总结如下。

（1）结构形式

受技术水平和经费条件制约，当前主要使用的输水明渠以梯形渠道为主，常采用混凝土、石料、膜料或沥青混凝土等建立衬砌防渗层，或利用上述材料构成的复合结构，达到防渗目的，典型断面形式如图 1.2-1 所示。混凝土属于刚性衬砌材料，具有较高的抗压强度，但抗拉强度较低，并且衬砌板厚度较薄，本身适应拉伸变形或不均匀变形的能力较差，在冻胀力或热应力的作用下容易破坏。寒区渠道衬砌结构典型断面形式如图 1.2-2 所示。

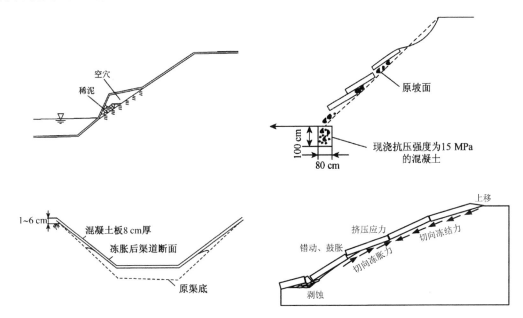

图 1.2-1　典型断面形式

(2)运行方式(边界条件)

目前寒区长距离引调水工程多为季节性输水明渠,以北疆供水工程为例,渠道采取季节性供水,即每年4—9月通水,其他时间停水。该渠道位于温带大陆性气候区域,冬季平均气温为-35 ℃,最大积雪深度73 cm,最大冻深2 m,夏季最高气温达39.8 ℃。渠道每年的通水、停水以及沿线夏季高温、冬季严寒的气候特点共同对渠基形成了明显的干湿交替、冻融循环作用。图1.2-3为北疆供水工程总干渠某段沿线某气象站观测到的年间地表温度分布情况,其中实线为平均气温。可以看出,2014年4月25日至2014年9月14日为渠道通水期,此期渗漏渠基处于湿化过程。2014年9月14日渠道进入停水期,在近3个月的时间内地温始终高于0 ℃,期间渠基土实际首先经历了干燥过程(渠道已停水,无外界水源补给)。在2014年11月11日地温完全降至冻结温度(一般认为水的冻结温度为0 ℃)以下,此时渠基土进入冻结状态。随后地温在2015年3月21日升至0 ℃以上,此时渠道仍未通水,渠基土处于融化阶段。综上所述,渠基土在全年所经历的边界条件可概括为湿润-干燥-冻结-融化(简称湿干冻融)耦合的边界条件,渠基土在每年经历上述反复的湿干冻融耦合循环后产生劣化,造成渠基土强度的衰减和裂隙的开展,最终导致渠道边坡的整体失稳

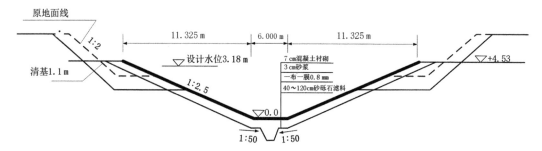

图1.2-2　寒区渠道补砌结构典型断面形式(深度5 m)

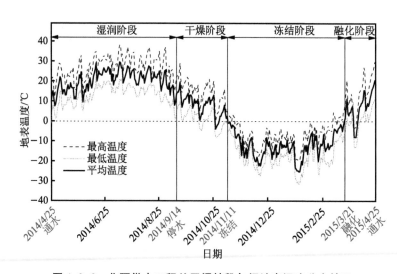

图1.2-3　北疆供水工程总干渠某段年间地表温度分布情况

（类似图 1.2-4）。

图 1.2-4 渠道边坡整体失稳

（3）运行监测

受到监测技术发展水平的限制，长期以来，渠道冻害的监测主要以人工观测、现场巡检为主。对于输水明渠（衬砌渠道），巡检内容包括：

① 渠顶：应检查渠顶是否坚实平整，有无凹陷、起伏、裂缝、残缺、积水，相邻两渠段之间有无错动，马道是否平整、有无冲沟等。

② 渠堤：渠堤检查包括坡面检查、衬砌检查两个环节。坡面检查应检查坡面是否平整、完好，有无滑坡。衬砌检查应检查：混凝土衬砌有无大面积冻害、溶蚀、侵蚀、裂缝、蜂窝麻面、破损等；浆砌石衬砌有无松动、塌陷、脱落、隆起或架空、垫层淘刷等现象；变形缝和止水是否完好无损，是否有局部侵蚀剥落、裂缝或破碎老化等。

③ 渠底：季节性输水渠道应在冬季、春季检查渠底有无隆起或架空、沉陷、渗漏、护面裂缝或破碎老化等。

④ 深挖方渠道应检查渠堤外坡、外堤脚及排水结构等是否完好；填方渠道应检查排水孔是否顺畅，背水面有无雨淋沟、隆起或架空、滑坡、裂缝、塌坑、洞穴，有无杂物垃圾堆放，有无害渠动物洞穴或活动痕迹，有无渗水，堤脚有无隆起、下沉，有无冲刷、残缺、洞穴等。

⑤ 应检查与渠道安全有关的供电系统、预警设施、通信、交通、应急抢险、安全标示等。

⑥ 冬季专项检查：应检查重要渠段、改建渠段、穿堤建筑物（管线）与渠道接合部的完

整性;气象、变形等观测、监测设施的有效性;渠道断面损坏情况,有无变形,保温层、防渗层是否完好,衬砌表面有无冻害,有无发生沉陷、滑坡、崩塌等;填方渠道内部有无隐患,外部有无冲沟、洞穴、裂缝、陷坑、堤身残缺,防渗铺盖及盖重有无损坏,以及有无影响渠道安全的违章建筑等。

⑦ 春季专项检查:对渠堤外侧的山体、马道及马道边坡、隧洞进出口的积雪量进行徒步检查。

上述巡检工作主要采用人工、仪器、工具及视频进行,但效率偏低(图1.2-5)。

图1.2-5　传统输水渠道安全监测方式(人工巡检)

相较于人工巡检,自动化监测是掌握和评估渠道动态运行状况的重要手段。目前渠道安全监测主要借鉴水库大坝有关工程的安全监测技术、方法,主要监测内容包括环境、渗流、变形和应力应变监测,其中环境监测以气温、降水量、渠道水位及流量监测为主,兼顾渠基温度监测。气温、降水量、渠道水位及流量监测可结合基层站点的气象站、水文测站进行。降水量监测应包括雨量监测和雪量监测。雨量监测仪器宜选用雨量计、遥测雨量计或自动测报雨量计等,雪量监测宜选用标准容器量度。

依托气象站获取的监测资料,不包括渠基土的地温。地温监测主要是监测渠道底部基土温度场的变化,从而可计算冻结起始时间、冻结深度等特征参数。目前市场上应用较多的是电阻温度传感器,热敏电阻具有体积小、反应快、使用方便的优点,通过热敏电阻,可以把温度及其变化转换成电学量或电学量的变化加以测量,标准铂电阻温度计结构如图1.2-6所示。

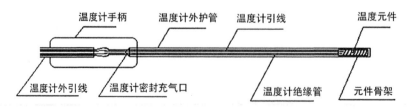

温度计手柄　温度计外护管　温度计引线　温度元件

温度计外引线　温度计密封充气口　温度计绝缘管　元件骨架

图1.2-6　标准铂电阻温度计结构图

冻胀力及冻胀变形是变形和应力应变监测的重要内容,对于寒区渠道十分重要。《灌溉与排水工程设计规范》(GB 50288—2018)、《渠道防渗衬砌工程技术标准》(GB/T 50600—2020)、《衬砌与防渗渠道工程技术管理规程》(SL 599—2013)等标准均对冻胀观测及其测验方法提出了原则性要求,但这项工作一直是水利行业的

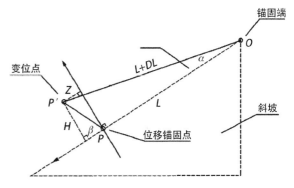

图 1.2-7 传统输水渠道安全监测(冻胀变形二维矢量计算法示意)

难点。传统冻胀力的量测需要将仪器预先埋设在渠道内,只能测量某个方向的冻胀力,且工程量大,埋设复杂,特别是仪器安装时需要破坏渠道的原状土,改变了渠道局部土体结构,对冻胀力的测量结果有较大的影响。此外,常规的冻胀力仪为应变式,其耐低温性差,长期使用零点漂移严重,不利于冻胀力的长期监测(图 1.2-7)。因此常规冻胀力仪大多采用人工测量的方式,耗时耗力,对于地广人稀的地域,经常出现人工测量不及时、恶劣天气下无法测量的情况,导致测值不连续,不能很好地反映渠道冻胀的特点。

渗流监测的目的主要是掌握渠堤自由水的流动特征,判断渠堤渗水、管涌及滑塌的性质及发展趋势,如出现浑水、渗流量逐步增大情况则是管涌的征兆,除加强观测外,还需抓紧采取抢护措施。对于季节性输水渠道,渠基的赋存水将是停水期渠道产生冻融破坏的主要来源,因此也要做好停水期的渗流监测。对于渠道渗漏监测,传统方法多以预埋"点"式渗压计、水位计为主(图 1.2-8)。监测仪器主要有测压管、渗压计及量水堰等,通过测取

图 1.2-8 渗流监测(某一断面埋设渗压计、水位计)

渗透压力和渗流量来进行渗漏探查。然而,受技术、经济条件等因素制约,寒区渠道安全监测工作未能实现标准化,同时此类监测方法仅能反映渠道局部某一断面的渗漏动态特征,对于上百公里的渠道而言,工作是不充分的。目前应用较多的方法是充分考虑严寒气候、渠身渠基组成复杂、破坏模式多等特点,根据渠道的潜在破坏模式及破坏后造成的损失等因素,确定对重要渠段和重点部位开展自动化监测。

1.3 已有研究成果及有益效果

我国一部分寒区长距离供水渠道已经运行多年,各种灾害、老化、设计缺陷等严重制约了供水效率。为此,针对我国寒区长距离供水渠道运行能力提升与安全保障需求,"十三五"期间,国内有关团队开展了一系列攻关,在渠基劣化机理、渠道升级改造、冬季低温运行以及安全保障和风险防控方面形成了一批具有自主知识产权的成果,具体包括:

1. 寒区渠道劣化机理与抗冻设计理论和方法

南京水利科学研究院揭示了寒区渠道"湿-干-冻-融"循环作用下的强度衰减与结构损伤双重互馈破坏机制(图 1.3-1),建立了渠系水-热-力多场耦合数值分析模型与软件平台,研制了国内外首台渠道劣化过程超重力模拟试验平台(图 1.3-2)。

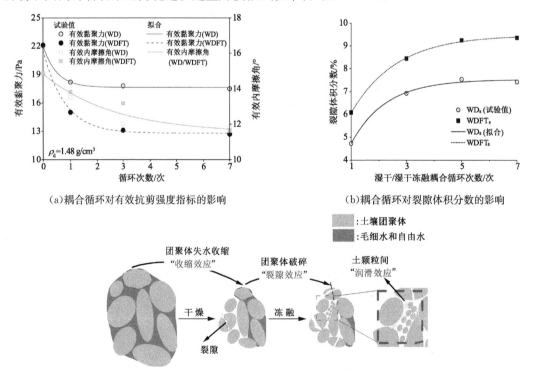

(a)耦合循环对有效抗剪强度指标的影响   (b)耦合循环对裂隙体积分数的影响

(c)土体强度衰减与结构损伤互馈破坏机制

图 1.3-1 "湿-干-冻-融"循环作用下渠基劣化机理

图 1.3-2 超重力场渠道湿-干-冻-融耦合离心模拟系统

2. 寒区渠道抗冻升级改造技术

新疆额尔齐斯河流域开发工程建设管理局(以下简称"额河建管局")自主研制了混凝土塑性制缝机、混凝土平曲表面成型机等梯形渠道抗冻改造关键设备(图 1.3-3)。额河建管局建立了渠道渗漏水纵横立体防排与阻滑体系,其中,渠道渗漏水高效速排体系包括纵向排水体、横向排水体、渠底集水箱以及渠顶的抽水井。以此为基础,额河建管局提出了渠底纵向排水体系,确定了纵向坡比、横向排水的间距等参数;同时就渠底集水箱容积、斜坡通道尺寸等关键技术指标进行了探讨,给出渠底集水箱最优容积及斜坡通道最佳尺寸;提出了集水箱防堵塞技术措施(图 1.3-4)。

3. 渠道低温运行控制技术

西北农林科技大学研发了渠水漂浮太阳毯增温保湿、渠基碎石桩辅热、渠道衬砌集电加热于一体的渠道局部融冰技术,如图 1.3-5 所示。南京水利科学研究院开发了能确保渠道低温运行关键部位不形成冰塞的 FRP-PC(纤维增强塑料-聚碳酸酯)渠道保温盖板(图 1.3-6)。该新型结构抗腐蚀、抗疲劳性好,可以在酸、碱、氯盐和潮湿的环境中使用 10～15 年,能提高环境与河道温

图 1.3-3 渠道升级改造机械化成套设备

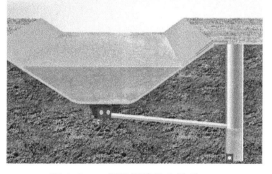

图 1.3-4 渠道纵横排水体系

差 5~20 ℃,可承受 80 kg/m² 雪荷载及 12 级风荷载。

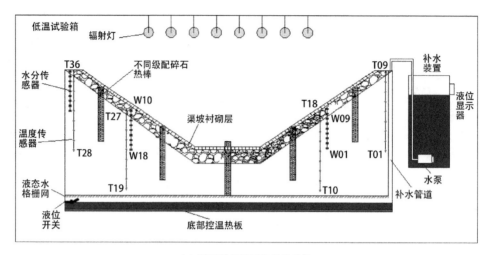

(a)渠道渠基碎石桩辅热系统

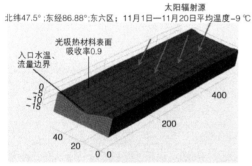

(b)渠水漂浮太阳毯增温保湿技术

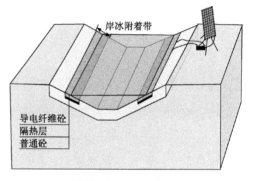

(c)渠道衬砌板局部电加热融冰技术

图 1.3-5 渠道低温运行局部融冰技术

图 1.3-6 渠道低温运行 FRP-PC 保温盖板

4. 寒区渠道安全保障和风险防控技术

针对寒区长距离供水渠道安全监测的特点,南京水利科学研究院研发了渠道全断面冻胀变形和三维冻胀力监测仪器,实现了渠道断面二维连续变形监测和三向冻胀应力监测,创建了分布式光纤渠道渗漏测试技术,并建立了渠道预报预警系统,如图1.3-7所示。

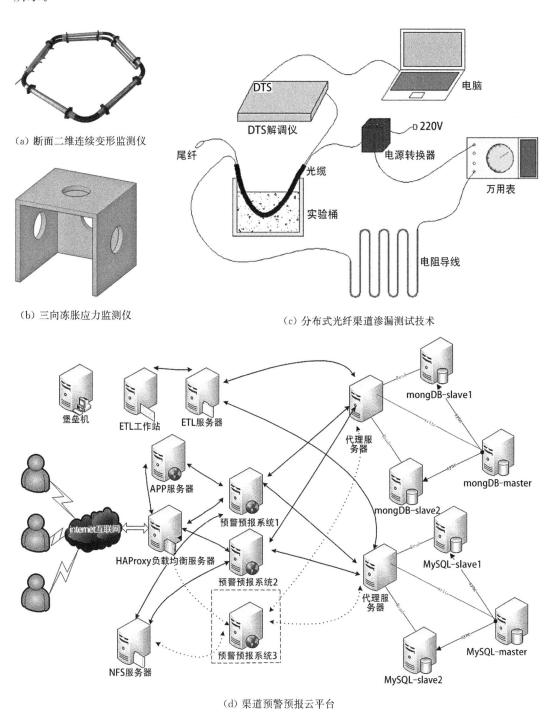

（a）断面二维连续变形监测仪

（b）三向冻胀应力监测仪

（c）分布式光纤渠道渗漏测试技术

（d）渠道预警预报云平台

图1.3-7 渠道断面二维连续变形监测、三向冻胀应力监测、分布式光纤渠道渗漏测试技术及渠道预警预报平台

1.4　长距离引调水工程运行管理存在的问题

随着工程运营的深入,管理单位针对如何管好用好寒区长距离引调水工程,最终实现安全运行、成本最低、效益最好的目标,联合有关科研机构,在渠道劣化机理、渠堤长期稳定性、险情快速处置等方面已开展了大量的研究工作,但当前工程运行安全仍面临巨大挑战。从运行实践来看,部分渠段防渗膜膜后水位仍然偏高,目前渠道渗漏问题仍未得到有效解决。在这种情况下,渠道在今后一段时期内仍面临着劣化损毁的风险,主要原因包括:一是渠道配置区域所处环境条件仍然恶劣。以北疆供水工程为代表的季节性输水渠道,存在显著的通水期、停水期、冻结期、融化期,这使得这类渠道的边界条件往往呈现出"湿-干-冻-融"耦合作用的特点。近年来,全球持续转暖已是不争的事实,我国西北地区已有"转暖转湿"的迹象。平均温度的升高,一方面加大了下垫面的蒸散发量,同时也引起寒潮、强降水、高温等极端天气出现。对于渗漏较为严重的渠堤,这种外应力作用将进一步加剧渠基所经历的"湿-干-冻-融"耦合作用,从而加速渠基劣化,给现有的防渗、抗冻体系带来一定考验。二是渠堤"水-力"特征发生显著改变。原有渠道进行改扩建工程后,运行期内渠内流量明显增大,渠堤临水面水位抬升,这导致渠基渗漏点水头上抬,在这种情况下,加高渠堤特别是高填方渠堤的渗漏风险较原渠道明显增大。此外,大流量运行条件深刻改变了渠堤的"水-力"特征,部分经过全断面换填及加高处理的渠段的稳定性还需"适应"渠堤水分特征变化所带来的影响。

除此以外,还存在下列问题:

1. 寒区渠道渗漏险情处置与维护技术

在险情快速处置方面,寒区供水渠道往往存在人工巡检困难、定点监控维护困难等问题,相关诊断技术的适应性还需论证。同时,国内外关于渠道工程渗漏抢险的研究仍十分薄弱。根据危害程度,渠道渗漏险情分为管涌、流土、管道漏水和滑塌。管涌是渗流力作用下渠基细粒土被带出,流土是渠基微小土块被带出,而管道漏水则是渠基形成洞穴管道后,渗漏水与渠基土大量外流的现象。如任由上述险情发展,渠基强度将急剧下降,并致使渠坡失稳,最终导致滑塌。目前对于渗漏险情防控技术的研究主要集中在演化机理、模型试验、风险评估及预警预报技术、抢险及修复技术等。在渗漏险情发展机理方面,郭见扬[①]将堤坝渗漏险情致灾因素分为渠基材料、结构、运行水位、渗透梯度等4个方面,并提出相应的治理措施。周玫[②]、

---

① 郭见扬. 防汛堤坝、坝基结构与渗透变形[J]. 岩石力学与工程学报,1998,29(6):674-678.

② 周玫. 黏性土地基流土破坏的临界水力坡降研究[D]. 西安:西安理工大学,2020.

王堉众[①]和崔晓琳[②]分别从临界渗透坡度、侵蚀成洞和新旧土接触面等方面揭示了堤坝和管道渗漏险情的致灾机理。

关于渗漏隐患探测方面,目前水利工程中针对土石坝和堤防工程的检测技术较为成熟,包括人工巡视和水下探摸、钻孔和探槽法以及地球物理探测法。其中地球物理探测法具有间接、快捷的优点,成为研究热点,如使用基于"拟流场"法的管涌渗漏探测仪、高密度电法、探地雷达以及利用温度场的分布式光纤等检测方法。通过以上检测方法,能够探明渠基潜在深层裂缝、洞穴或渗漏位置,但所得结果是诸多离散无联系的数据点,无法给工程管理单位提供参考。而若要进一步掌握渗漏险情总体态势,预测渗漏险情发展、评价险情危害,需要从渗流与土体变形耦合作用的分析出发,提出影响险情发展的关键指标,以指标间运算关系代表实际中渗漏险情的发展过程,实现定量化的预测和评价。此方面研究多见于堤坝工程,韦昌鹏等[③]提出了考虑多破坏模式的堤防工程失事风险率,日本的 Fukuoka 等[④]基于理查德斯(Richard)方程无量纲化指标提出了堤坝渗漏破坏的评价体系,柯浩进等[⑤]提出了考虑渗透系数变异的堤防概率分析方法,这些预测评价方法为土石坝等堤坝工程渗漏风险的管理提供了技术指导。对于寒区距离更长的线性输水渠道工程来说,由于地质条件跨越多个区域,复杂程度更高,渗漏原因更加复杂,尤其需要考虑高寒气候下因冻融作用产生的防渗体裂缝导致的渗漏,以及渗漏对冻融破坏的促进作用导致的灾害升级。因此完全照搬单一的堤防工程渗漏预测评价方法并不合理,需要进行分区分级,并且考虑冻融-渗漏耦合作用因素,进行渗漏险情风险评价体系的深入研究。

在抢修及修复技术方面,根据国内大型渠道工程险情处理经验[⑥],结合堤防、土石坝、溢洪道的险情处置方案[⑦],可以将渠道工程险情处理对策分为临时抢险和永久修复两类,并遵循"前堵后排"的原则。对于运行期渗漏险情而无法停水检修的情况,为防止险情进一步恶

① 王堉众.不同水力条件下砂土侵蚀成洞机理研究[D].济南:山东建筑大学,2020.

② 崔晓琳.压力-渗流耦合作用下土与结构接触面渗流破坏条件研究[D].济南:山东大学,2020.

③ 韦鹏昌,蒋水华,江先河,等.考虑多破坏模式的堤防工程失事风险率分析[J].武汉大学学报(工学版),2020,53(1):9-15,22.

④ FUKUOKA S, TABATA K. Risk assessment of levee seepage failure based on the levee seepage failure probability pf and the levee vulnerability index t*[J]. Journal of Hydraulic Engineering, 2021, 147(1):91-110.

⑤ 柯浩进,王媛,冯迪.考虑渗透系数变异性的堤防渗透破坏概率分析方法[J].科学技术与工程,2020,20(7):2858-2863.

⑥ 孟冬冬,宋宏鹏,温会平,等.陆浑灌区东一干渠上段填方坝险情观测、分析及预防[J].北京农业,2015,10(3):178-179;吴光明.浅析浔史杭灌区汲东干渠李大冲填方段渠道渗漏综合治理[J].工程建设与设计,2017,23(10):122-123.

⑦ 吴昌瑜,张伟,赵蜀鸣.汛期堤防的防渗漏抢险技术研究[C]//段祥宝,谢兴华,速宝玉.水工渗流研究与应用进展:第五届全国水利工程渗流学术研讨会论文集.郑州:黄河水利出版社,2006:110-115;陈一兵.浅论堤坝的渗漏抢险[J].湖南水利水电,2003,10(1):41-42,50;陈继华.北方某水库溢洪道渗漏原因分析[J].黑龙江水利科技,2013,41(7):56-59;李娥.堤坝渗漏的产生原因及抢险措施[J].吉林农业,2014,15(23):46;林喜才,黄中民,崔师坤,等.浅析汛期引黄闸基础渗漏险情的成因及抢护措施[J].治黄科技信息,2019,33(5):1-3.

化,使用临时抢险方案,首要任务是根据渗漏点和渗漏量设置反滤结构,疏通渗漏通道防止进一步变形和破坏;随后查明渗漏点位置实施临时封堵的方案,包括坡脚渗漏点抛填、反滤围井法、蓄水反压法、反滤层压盖法和坡面水下内封堵。在渠道工程停水检修期的渗漏区域修补技术方面,已有工程经验中采用防渗体修补、渠基灌浆封堵、渠后排水换填和坡脚结构优化等方案;此外对于渠基防渗薄弱处,因受水位变动影响反复发生入渗与反渗而发生更为严重的破坏,还需要设置渠坡处的反滤排水结构。以上方案有效处理了堤坝工程的渗漏险情,但对于北疆供水工程,由于输水任务重,线路长,抢险和修复时间紧且受寒冷气候影响,难以完全复制上述方案,需要进一步研究适用于寒区长距离渠道的特殊抢险材料、方案及技术装备,形成一套系统性、高效性的渗漏险情处置管理技术。

在维护技术方面,通过设置渠基内排水体系与渠堤抽排集水井的联合措施,能够有效排出渠基因渗漏赋存水,避免渠基土长期浸泡导致的强度弱化和渠内水位变动带来的衬砌压力破坏。而此类措施作用的发挥,是以排水体系通畅和集水井抽排量精确控制为前提。目前排水体系的清淤手段单一,仅限于高压水流、真空抽吸以及机械拖曳法[①]。由于渠基排水管具有透水性,高压水流和真空抽吸的清淤方法会造成渠水向渠基土的反渗或细颗粒被吸入排水管,因此不适用于渠道排水体系的清淤。额河建管局针对总干渠纵横排体系中软管的淤堵问题,组织研发了一种新型深埋地下软管变形复位的机械拖曳装置,通过旋进锥来回拉动将变形部位修复,使软管道给排水正常,该装置已经在横向排水管道的疏通与变形修复方面得到应用。然而,由于纵向排水管长度远远高于横向排水管,因此该技术很难应用于对纵向排水管的清洁工作。总干渠则通过设置纵横排水体系,基本达到了控制运行期膜后水位的效果。但对于线路漫长的寒区渠道,各种影响因素交织,在开展抽排水作业时,采用统一的抽排作业方式并不能提升抽排作业效率,无法达到"精准控制"的水利现代化运管要求。但面对北疆多变的气候环境,以上技术和经验都不能直接应用在大流量条件下的渠道渗漏风险处置与维护措施中,要对此进行深入分析研究。

2. 寒区渠道渠堤防渗技术

寒区渠道渗漏是造成输水损失、渠基变形和冻胀破坏的重要原因,提高渠道防渗能力是解决渠道各类破坏问题、保障渠道输水效率发挥和工程运行安全的根本途径。牛尚峰等[②]介绍了渠底防渗改造机械一体化施工质量控制技术,总结了从施工准备到渠底衬砌混凝土摊铺、振捣、制缝、养护等方面施工质量控制要点。陈勃文[③]介绍了沟道混凝土埋入式

① 林茂锋,李万权,甘虎,等.管网清淤及污泥脱水集成工法及设备研究[J].绿色环保建材,2019,41(11):24-25;黄超,揭敏,席鹏,等.管道淤堵的清淤技术应用[J].施工技术,2019,48(24):85-88;张同凯.新疆某长距离输水干渠道纵横向排水施工方案设计研究[J].中国水运(下半月),2018,18(1):181-182.
② 牛尚峰,唐世球,陈勃文.渠底改造机械一体化施工质量控制技术探讨[J].中国标准化,2018(24):179-180.
③ 陈勃文.渠道混凝土嵌入置缝机的研究与应用[J].水利建设与管理,2018,38(2):1-5.

制缝机的研究与应用,实现了渠道混凝土机械化衬砌的快速施工。张益多等[1]介绍了渠道混凝土嵌入式制缝机的研究与应用,实现了混凝土在塑性阶段 45 min 内各道工序一次性完成。常规渠道防渗形式采用混凝土衬砌与防渗膜的组合结构,容易受冻融、盐碱侵蚀作用而产生裂缝和接缝止水老化、防渗膜破损等破坏,从而导致渠道渗漏量增加。以上混凝土复合防渗结构破坏的修复工程量大、耗时长,不利于快速施工。为此国内外科研人员在防渗材料、施工设备及工艺等方面开展了大量研究工作,研发出多种新型的高分子聚合物类的表面喷涂防渗技术,所采用的高分子聚合物具有抗腐蚀、柔性大、凝结快的优点,并逐渐得到推广。在表面喷涂防渗技术中,一类是以硅烷、氟硅烷为代表的渗入改性防水材料[2],通过在混凝土内形成憎水膜达到防渗效果;另一类是以聚脲[3]、水泥基渗透结晶材料[4]、环氧涂膜[5]、玻璃钢纤维[6]等合成材料涂膜在衬砌表面,使其形成新的防渗层,具有保温和防渗等功能。梁向前等[7]针对北方寒冷地区渠道的渗漏冻胀破坏问题,研发了集保温、防渗为一体的新型材料。材料采用改性合成丁腈橡胶为主体原料,经过特殊工艺发泡而成,在绝热和防潮吸水性能方面取得了突破。Markusch 等[8]公开了一种沟渠及管道用聚氨酯复合材料,应用于管道、沟渠表面,特别适用于衬砌破裂或破碎表面。然而,尽管上述一些技术在寒区渠道应用后取得了一定成效,但渠道防渗层的老化、耐久性问题始终未能得到很好的解决。此外,在北疆供水工程中,需要根据现场环境、原料获取难易程度和造价进行综合评价研究,才能确定具体的施工工艺。

3. 渠堤排水技术

排水系统作为渠坡加固的重要设施,对渠坡渗流场的分布影响很大。在滑坡治理工程中,排水系统能够有效地增强渠坡的稳定性。排水措施的发展经历了从重力排水到虹吸排水,从地表排水和地下排水到地表和地下排水联合使用的过程,为国内外滑坡工程治理提供了更多方法。其中,软式透水管具有隔离、过滤、透水、排水、耐压和耐酸碱的综合功能,能较强地适应土体变形,施工快捷,可有效降低地下水位,因此在工程界得到广泛应用。渠

① 张益多,胡强圣,陈妤,等.冻融后预应力混凝土受弯性能试验及数值模拟[J].工业建筑,2015,45(2):27-31.
② 唐颖.混凝土硅烷防水剂的合成及防渗性能研究[J].太原理工大学学报,2013,44(3):385-388;李治军,董智,陈末,等.仿生超疏水材料在寒区土石坝防渗的应用前景与展望[J].水利科学与寒区工程,2019,2(4):44-47.
③ 于国玲,陈宛瑶,王学克,等.国内新型功能涂料的最新研究[J].现代涂料与涂装,2020,23(8):27-30;侯德国,申勇,薛强.聚脲防腐材料在黄水东调应急工程中的应用[J].山东水利,2020,34(5):25,27.
④ 简俊杰,张其勇,刘磊,等.浅析 CCCW 在水电工程中的应用[J].中国科技信息,2012,56(12):76.
⑤ 梁维盛,蒋伯杰,刘伟,等.应用环氧涂膜防渗技术处理大门滘电排站的渗漏[J].广东水电科技,1994,57(1):27-29.
⑥ 王慕皓.人造纤维工厂玻璃钢设备的渗漏与防渗漏[J].人造纤维,1996,26(3):21-23.
⑦ 梁向前,蔡红,崔亦昊.渠道防渗抗冻胀新材料开发与试验研究[C]//本书编委会.首届寒区水利新技术推广研讨会论文集.北京:中国水利水电出版社,2011.
⑧ MARKUSCH P H, GUETHER R. Process for lining canals, ditches and pipes with a non-sagging polyurethane/geo-fabric composite:CA20022440626[P].2002-09-26.

坡的排水方式可以分为地表排水工程和地下排水工程两类。地表排水系统通过建立一个整体模式的排水网络,将滑坡区外的山坡截水沟及自然形成的沟渠统一起来,避免雨水等水流集中渗入坡体背水面而加速滑坡的发展。而地下排水工程则通过截断滑坡区域的补给水源,降低渠道坡体内部的地下水位,减小渠道土体的孔隙水压力,从根本上控制滑坡的发展,提升其稳定性。近年来,随着人类科技认知和科技能力水平的不断提高,渠道边坡的排水方式也不断发展。排水方式不再局限于地表,而逐渐向地下转变,从单一型发展为综合型,从低效向高效方向转变。

地表排水方法通过截留降雨并减小雨水渗入坡体内部,从而保持边坡的稳定。这种方法种类繁多,施工流程简单,是早期人工治理滑坡的主要手段和方式之一。工程措施包括截水沟、排水沟、混凝土护面等。其中,截水沟作为最基础的边坡地表排水方法,已被广泛研究并应用于现阶段的滑坡工程治理中。

高地下水位是滑坡形成的主要原因。如今随着科研的深入,地下水排水措施的种类也越来越多。按照地下水埋深的不同,可以将其分为浅层和深层地下水排水工程两种。同时,浅层排水措施主要包括钻孔排水和盲沟排水等措施。深层排水措施则包括平孔排水、集水井和排水隧洞等。因此,边坡降排水工程需要根据当地水文地质条件和边坡地质结构,选择合适的拦截、疏干和排引等排水措施,以达到稳定滑坡的目的。边坡钻孔排水法是目前最广泛应用的滑坡防治排水方式之一。该方法通过在坡体透水性强的地层中打设钻孔,利用孔洞的强导水作用,达到集水的目的。钻孔排水法根据钻孔角度方向的不同,可以分为仰斜式排水孔和俯倾式排水孔两种。相较于其他排水方法,钻孔排水具有造价低廉、施工方便和适用性强等优点,尤其适用于需要控制边坡地下水位的情况。其中,仰斜式排水孔是沿水平方向仰角 $5°\sim10°$ 方向进行钻孔,利用孔洞的导水性和液体自重作用,将地下水排出。为了确保工作面能够按期投产,田伯权[①]对大孔径定向钻孔替代排水孔进行研究,其研究成果有效地满足了工作面开采期间的排水需要,并且为类似工作面开采区研究提供借鉴和参考。在钻孔排水中,边坡虹吸排水技术是一种较为创新的方法。其利用进出口液位差实现液体跨越运输的排水方式,具有免动力、实时性和抗淤堵等优点。此技术可以自动调节液面,在排水过程中排出坡体内部深层地下水,适应滑坡治理的需要。近年来,虹吸排水已经逐渐由辅助排水设施转变为独立排水系统,成为边坡治理中一项重要的技术。随着科技的发展,许多专家和学者也开始不断深入研究新型的排水技术。

---

① 田伯权. 大孔径定向钻孔替代排水巷在 1021 工作面的应用[J].煤炭技术,2018,37(11):212-213.

参考文献

［1］郭见扬.防汛堤坝、坝基结构与渗透变形[J].岩石力学与工程学报,1998,29(6):674-678.

［2］周玫.黏性土地基流土破坏的临界水力坡降研究[D].西安:西安理工大学,2020.

［3］王埼众.不同水力条件下砂土侵蚀成洞机理研究[D].济南:山东建筑大学,2020.

［4］崔晓琳.压力-渗流耦合作用下土与结构接触面渗流破坏条件研究[D].济南:山东大学,2020.

［5］韦鹏昌,蒋水华,江先河,等.考虑多破坏模式的堤防工程失事风险率分析[J].武汉大学学报(工学版),2020,53(1):9-15,22.

［6］FUKUOKA S,TABATA K. Risk assessment of levee seepage failure based on the levee seepage failure probability pf and the levee vulnerability index t*[J]. Journal of Hydraulic Engineering,2021,147(1):91-110.

［7］柯浩进,王媛,冯迪.考虑渗透系数变异性的堤防渗透破坏概率分析方法[J].科学技术与工程,2020,20(7):2858-2863.

［8］孟冬冬,宋宏鹏,温会平,等.陆浑灌区东一干渠上段填方坝险情观测、分析及预防[J].北京农业,2015,10(3):178-179.

［9］吴光明.浅析湃史杭灌区汲东干渠李大冲填方段渠道渗漏综合治理[J].工程建设与设计,2017,23(10):122-123.

［10］吴昌瑜,张伟,赵蜀鸣.汛期堤防的防渗漏抢险技术研究[C]//段祥宝,谢兴华,速宝玉.水工渗流研究与应用进展:第五届全国水利工程渗流学术研讨会论文集.郑州:黄河水利出版社,2006:110-115.

［11］陈一兵.浅论堤坝的渗漏抢险[J].湖南水利水电,2003,10(1):41-42,50.

［12］陈继华.北方某水库溢洪道渗漏原因分析[J].黑龙江水利科技,2013,41(7):56-59.

［13］李娥.堤坝渗漏的产生原因及抢险措施[J].吉林农业,2014,15(23):46.

［14］林喜才,黄中民,崔师坤,等.浅析汛期引黄闸基础渗漏险情的成因及抢护措施[J].治黄科技信息,2019,33(5):1-3.

［15］林茂锋,李万权,甘虎,等.管网清淤及污泥脱水集成工法及设备研究[J].绿色环保建材,2019,41(11):24-25.

［16］黄超,揭敏,席鹏,等.管道淤堵的清淤技术应用[J].施工技术,2019,48(24):85-88.

［17］张同凯.新疆某长距离输水干渠道纵横向排水施工方案设计研究[J].中国水运(下半月),2018,18(1):181-182.

［18］牛尚峰,唐世球,陈勃文.渠底改造机械一体化施工质量控制技术探讨[J].中国标准化,2018(24):179-180.

［19］陈勃文.渠道混凝土嵌入式置缝机的研究与应用[J].水利建设与管理,2018,38(2):1-5.

［20］张益多,胡强圣,陈好,等.冻融后预应力混凝土受弯性能试验及数值模拟[J].工业建筑,2015,45(2):27-31.

［21］唐颖.混凝土硅烷防水剂的合成及防渗性能研究[J].太原理工大学学报,2013,44(3):385-388.

［22］李治军,董智,陈木,等.仿生超疏水材料在寒区土石坝防渗的应用前景与展望[J].水利科学与寒区工

21

程,2019,2(4):44-47.

[23] 于国玲,陈宛瑶,王学克,等.国内新型功能涂料的最新研究[J].现代涂料与涂装,2020,23(8):27-30.

[24] 侯德国,申勇,薛强.聚脲防腐材料在黄水东调应急工程中的应用[J].山东水利,2020,34(5):25,27.

[25] 简俊杰,张其勇,刘磊,等.浅析CCCW在水电工程中的应用[J].中国科技信息,2012,56(12):76.

[26] 梁维盛,蒋伯杰,刘伟,等.应用环氧涂膜防渗技术处理大门滘电排站的渗漏[J].广东水电科技,1994,57(1):27-29.

[27] 王慕皓.人造纤维工厂玻璃钢设备的渗漏与防渗漏[J].人造纤维,1996,26(3):21-23.

[28] 梁向前,蔡红,崔亦昊.渠道防渗抗冻胀新材料开发与试验研究[C].//本书编委会.首届寒区水利新技术推广研讨会论文集.北京:中国水利水电出版社,2011.

[29] MARKUSCH P H, GUETHER R. Process for lining canals, ditches and pipes with a non-sagging polyurethane/geo-fabric composite: CA20022440626[P]. 2002-09-26.

[30] 齐吉琳,张建明,朱元林.冻融作用对土结构性影响的土力学意义[J].岩石力学与工程学报,2003,21(S2):2690-2694.

[31] 马宝芬,杨更社,田俊峰,等.基于核磁共振的冻融循环作用下重塑黄土强度变化规律[J].科学技术与工程,2019,19(24):318-323.

[32] 周成,蔡正银,谢和平.天然裂隙土坡渐进变形解析[J].岩土工程学报,2006,36(s2):174-178.

[33] SHOOP S, AFFLECK R, HAEHNEL R, et al. Mechanical behavior modeling of thaw-weakened soil [J]. Cold Regions Science and Technology, 2008, 52(2): 191-206.

[34] 吴颖,周成,陈生水,等.冻土区天然斜坡冻胀及融沉滑移变形模拟[J].水利学报,2014,45(S2):215-220.

[35] 郑广辉,许金余,王鹏,等.冻融循环作用下层理砂岩物理特性及劣化模型[J].岩土力学,2019,40(2):632-641.

[36] QU Y L, CHEN G L, NIU F J, et al. Effect of freeze-thaw cycles on uniaxial mechanical properties of cohesive coarse-grained soils[J]. Journal of Mountain Science, 2019, 16(9): 2159-2170.

[37] 王云南,刘争宏,曹杰.黄土工程灾变机理研究综述[J].西北水电,2018(1):1-6.

[38] 裴钻.高寒山区散粒体斜坡形成演化过程及灾变机理研究[D].成都:成都理工大学,2016.

[39] 邓华锋,肖瑶,方景成,等.干湿循环作用下岸坡消落带土体抗剪强度劣化规律及其对岸坡稳定性影响研究[J].岩土力学,2017,38(9):2629-2638.

[40] 张登峰.冻融作用对重塑黄土内水分迁移及其强度特性的影响研究[D].西安:长安大学,2018.

[41] NG C W W, ZHAN L T, BAO C G, et al. Performance of an unsaturated expansive soil slope subjected to artificial rainfall infiltration [J]. Géotechnique, 2003, 53(2): 143-157.

[42] 詹良通,吴宏伟,包承纲,等.降雨入渗条件下非饱和膨胀土边坡原位监测[J].岩土力学,2003,24(2):151-158.

[43] DAI Z, CHEN S, LI J. The failure characteristics and evolution mechanism of the expansive soil trench slope[C]//The Second Pan-American Conference on Unsaturated Soils, November 12-15, 2017. Dallas: American Society of Civil Engineers, 2017.

［44］CHENG Z L，DING J H，RAO X B，et al. Physical model tests on expansive soil slopes［J］//Chinese Journal of Geotechnical Engineering，2014，36(4)：716-723.

［45］GRECO R，GUIDA A，DAMIANO E，et al. Soil water content and suction monitoring in model slopes for shallow flowslides early warning applications［J］. Physics and Chemistry of the Earth Parts，2010，35(3/4/5)：127-136.

［46］饶锡保,陈云,曾玲.膨胀土渠道边坡稳定性离心模型试验及有限元分析［J］.长江科学院院报,2002,19(B09):105-107.

［47］王怀义,何建村.高寒区长距离供水工程预警预报系统中私有云平台的建设方案探讨［J］.信息技术与信息化,2019(10):14-17.

［48］刘东海,胡东婕,陈俊杰.基于BIM的输水工程安全监测信息集成与可视化分析［J］.河海大学学报(自然科学版),2019,47(4):337-344.

［49］马金龙,于沭,王国志,等.基于无人机巡检的渠道衬砌破损图像识别方法研究［J］.水利科学与寒区工程,2020,3(5):41-46.

［50］陈荣,殷永健,张来卿,等.渠道巡检管理系统:CN101299281［P］.2008-11-05.

［51］王羿,王正中,刘铨鸿,等.寒区输水渠道衬砌与冻土相互作用的冻胀破坏试验研究［J］.岩土工程学报,2018,40(10):1799-1808.

［52］周小兵,张立德,达楞塔.长距离大型调水工程运行管理实践［M］.北京:中国水利水电出版社,2007.

［53］王光谦,欧阳琪,张远东,等.世界调水工程［M］.北京:科学出版社,2009.

第二章　寒区引调水工程灾害链理论及风险评价方法

寒区长距离输水渠道多为季节性输水渠道。在行水期,渗漏导致渠基含水量和浸润线升高,随之带来边坡不均匀沉降、边坡坡脚软化、管涌流土乃至滑坡等灾害。在冬季,受季节冻土影响,土体冻融造成的冻胀融沉交替频繁,造成了渠道衬砌的开裂、错动、鼓胀、脱空乃至整体滑塌,制约了工程效益的发挥。事实上,寒区输水渠道的工程灾害是在温度、水分、土体、结构和运行工况多种因素耦合作用下的动态发展过程,且各类灾害间具有因果相连、同源转化的特征。鉴于此,本书将从机理上揭示复杂边界条件下高寒区长距离渠道的劣化过程与演化规律,作为开展寒区长距离引调水工程运行安全保障技术的理论基础。

2.1　灾害链理论内涵及研究现状

20 世纪 60 年代以前,自然灾害研究主要限于灾害机理及预测研究,重点调查分析灾害形成条件与活动过程。70 年代以后,随着自然灾害破坏损失的急剧增加,才有一些发达国家开始进行灾害之间相互影响的研究。进入 80 年代,对各种自然灾害的研究得到了更加广泛而又深切的关注,人们逐渐认识到自然灾害不是孤立存在的,特别是巨大的自然灾害常诱发出一系列的次生灾害和衍生灾害,形成灾害链;许多自然灾害常同时或同地出现构成灾害群,形成的各种自然灾害之间相互作用、相互联系、相互影响,而形成了一个具有一定结构、功能、环境和特征的整体。1987 年著名地震学家郭增建首次提出灾害链的理论概念和分类,此项研究是中国科学家群体的自主创新。他提出灾害链可分为因果链、同源链、互斥链和偶排链等四类,也可分为串发性与共发性灾害链两类。

中国科学院院士马宗晋等组成的研究小组对"不同种类的自然灾害是相互关联的,一种自然灾害常常导致另一些灾害"这种自然灾害的链式效应给予高度关注,在他以往的一些研究中也曾多次提到灾害链。自然界中气候灾害、地质灾害和生物灾害之间存在着关联性,即自然灾害存在着链式关系的复杂性问题。卢耀如的研究[①]从分析自然灾害的定义、种类入手,论述灾害链、灾害的群发性及自然灾害对社会的影响,认识到自然灾害不仅有其单一性和区域性,还有关联性和整体性,而且自然灾害的关联性和整体性不仅表现在自然灾害有群发现象,还表现在许多自然灾害互为条件,形成一个具有一定结构特征的自然灾害群或自然灾害链。许多灾害,特别是等级高、强度大的灾害发生以后,常常诱发一连串的次生、衍生灾害接连发生,造成巨大的经济损失和人员伤亡。可见,国内研究目前主要集中在对某种灾害链的探讨,从因果、连锁反应等关系出发定性分析不同灾害之间的相关性和成灾机制,还未涉及一般性灾害链动态响应行为特性的研究和内部结构关系的研究。国外的研究更多地集中在单种灾害的影响因素上,建立用灾害损失破坏链的概念代替目前使用的简单辐合灾害损失观念。纵观国内外相关文献,相关研究主要从区域性灾害和灾害连锁反应进行研究和初步探讨。事实上,科技工作者已经对灾害间的相关性及灾害链的客观性产生了共识,反映了国内外对灾害链(群)的认识程度。

总的来说,自然地质灾害研究领域的灾害链可以定义为将自然或人为因素导致的各类灾害,抽象为具有载体共性反映特征,以描绘单一或多灾种的形成、渗透、干涉、转化、分解、合成、耦合等相关的物化流信息过程,直至灾害发生给人类社会造成损失和破坏等各种连锁关系的总称。具体在渠道工程中,灾害链则是将自然、工程设计、运行管理等因素导致的各种破坏行为,抽象为具有载体共性反映特征,以决定各种单一或组合破坏的诱发、累积、形成、拮抗、促进、转化、耦合等相关参数化信息流过程,直至破坏造成工程失效和经济损失等各种连锁关系的总称。

根据工程灾害链的概念,对其内涵分析如下:

① 寒区渠道工程破坏特征表现为自然影响或人为设计缺陷等因素作用下,一系列的结构体抗力下降最终导致承载突然丧失的过程。其链式的发展机理是客观存在的。

② 寒区渠道工程灾害链式是对这一客观过程的抽象化处理,旨在用关键参数的链式变化描述复杂工程破坏灾变过程。

③ 寒区渠道工程灾害链既包括单一破坏灾害的链式效应,也包含多种破坏灾害间耦合、递进和转换的链式结构关系。

④ 通过寒区渠道工程灾害链结构可以量化评价工程破坏灾害形成的影响因素,通过理论与数值模型的建立,可以更加清晰地认识工程灾害的诱因及量化表征破坏程度。

⑤ 通过灾害链各环节的分析,可为工程灾害的防治干预时间和措施进行量化,使工程防治措施更加可靠有效。

寒区输水渠道渗漏与冻融破坏是渠基孔压变化、水分迁移、相变、土体强度变化导致土

---

① 卢耀如.工程建筑安全与地质灾害的机理与防治[C]//喀斯特与环境地学:卢耀如院士80华诞祝寿论文选集.上海:同济大学,2011.

体变形与结构相互作用的结果,这一过程中环境温度、地下水埋深、土体物理力学性质、导热特性、渗流特性、土质级配、衬砌结构形式等因素共同决定冻融破坏类型与程度。渗漏和冻融破坏所表现的衬砌鼓胀、裂缝、错动、渠坡不均匀变形、裂缝和坍塌等形式并非单一存在,而是相互关联和同源转化,并包含着时间的效应。基于寒区输水渠道渗漏与冻融破坏机理建立起整个运行期灾变链式关系,是灾变链理论在渠道冻融破坏防治方面的初步应用。在此基础上,还需更加全面、准确的现场监测手段予以辅助,以获得渠道内部信息的实时动态变化过程。传统渠道监测手段以常规温度、水分、位移传感器及水准仪观测为主,而能更加全面、准确地反映渠基土冻胀力、渗漏量、热流量及外部辐射、风、蒸发量等灾害因子变化的监测手段将成为寒区渠道灾变链重要的信息源。继而,结合监测数据,通过渠道冻融水热力耦合模型,预测渠道冻融破坏灾变链的驱动过程,并有针对性地采取冻融破坏防治措施,将会使寒区输水渠道冻融灾变链成为保障工程长期安全运行的重要理论与技术支撑。

2.2 寒区渠道灾害链类型及特征

寒区渠道运行期破坏类型包括不均匀变形、衬砌结构破坏、坡面裂缝、管涌、流土及滑坡等,根据破坏产生的主要原因,可分为渗漏破坏和冻融破坏两类。渗漏与冻融两种外部作用因素都可以导致上述的破坏类型发生,因诱发原因不同,各类型破坏的发展和最终灾害的表现形式也不同。此外,各类破坏在一定条件下导致其他次生灾害的产生,成为其他灾害的诱因,从而最终产生组合破坏,形成复杂工程灾害。

渗漏产生的土体含水量变化是导致渠基土物理力学性质变化的根本因素,土体物理力学性质的改变进而引起相同荷载下土体变形和强度的变化,存在链式发展的特点。渗漏是渠道灾害链的起点,同时也是灾害链的后果。

在输水渠道防渗结构方面,目前新建渠道的防渗结构由混凝土衬砌和下方土工膜共同构成。此类防渗结构存在较大的渗漏隐患,根据实际工程调研资料,衬砌与防渗土工膜的组合防渗结构极易因土工膜施工破损、接缝不严和低温老化等原因失去防渗能力。衬砌层尤其是预制混凝土衬砌板相较于现浇混凝土衬砌,具有变形适应性好、易施工、防裂缝的优点;但是板间接缝砂浆强度不足,难以在长期水流冲刷和冻融作用下保持稳定,导致板间接缝砂浆脱落直至衬砌层防渗能力完全丧失。在防渗结构设计缺陷、施工质量和环境因素三方面作用下,输水渠道的防渗能力下降,渠水通过衬砌接缝、土工膜老化破损或粘接接缝位置向渠基渗漏,首先引起土工膜后土体孔隙水压即膜后水位上升。

膜后水位由渠水入渗防渗结构之后形成防渗结构与渠基土体之间的压力水头,将直接作为渠基土体入渗压力,是渠基渗流浸润线的直接影响因素。在渠道行水期,渠槽内水位高,从而不断补给膜后水位,渠基土内孔隙水压随即不断升高,浸润线向渠基内部延伸;在降水期和停水期,膜后水位较高,从而反渗进入渠道,但是由于防渗结构阻渗,膜后水压难以短时释放,造成防渗结构浮托、隆起变形,尤其混凝土衬砌结构发生大面积破坏。

渠道排水体系是对防渗结构的补充,用于解决防渗结构缺陷造成缓慢渗漏而引起的膜后水位升高问题。对于有排水体系的输水渠道,在防渗结构与渠基之间还设置了透水垫层,与底部纵横向排水棱体或排水管道相连。透水垫层与排水体/管组成的排水体系汇集渗漏水和排导量大于渗漏量时,渠道渗水不会进入积存与膜后土体外侧形成膜后水位,因此土体含水量不会显著变化。然而如果纵向排水纵坡不足、堵塞,或者横向排水体排泄通道不畅、间距过大,则会导致渗漏水无法及时排出渠基,造成膜后水位升高且与渠道水位连通后,入渗水头更大,降水期膜后水压对衬砌的浮托作用更加显著。例如,在北疆供水工程中,渠道表面换填沙砾料排水垫层的施工,加之低下的排水体系工作效率,导致了每年停水期严重的衬砌扬压力浮托破坏。另外,由于纵向排水体系的连通,局部大量渗漏水经由纵向排水体系向下游汇聚,在排泄不畅处水压升高,造成该处的渠基绕渗,使得渠道的渗漏更加复杂。

渠道不良土质是渗漏灾害链主要致灾因子,常见不良土质包括膨胀性土、分散性土和湿陷性黄土、冻胀敏感性土和盐渍土等,均存在遇水后物理力学性质突变的特性。其中膨胀性土遇水体积膨胀,脱水后收缩产生裂缝,并随着湿干循环次数增加,土体力学强度逐渐衰减。分散性土含较多无黏性细颗粒,遇水后细颗粒滑移,土体发生崩解呈流沙态流动,土体失去承载力和抗剪强度。渠道基土中湿陷性黄土虽然进行了重塑,湿陷变形小于原状黄土,但遇水后仍会有一定的结构性破坏,从而发生较大的变形沉降。冻胀敏感性土同样含有细颗粒,且具有一定黏性,产生强烈的毛细管效应,深层地下赋存水容易通过毛细管作用上升至冻深线以上,低温下冻结并产生冻胀变形;其细颗粒含量越大,冻胀力相应越高,导致渠坡土体变形且对上覆衬砌产生冻胀破坏。在不良土质中,膨胀性、分散性和冻胀敏感性可能同时存在,诸如北疆长距离供水工程中,膨胀泥岩遇水膨胀脱水干缩开裂,同时饱水后产生崩解形成流沙态,导致渠坡稳定性丧失。北疆供水渠道冲击平原地区分布的低液限粉土细颗粒含量高,具有较强隔水性,难固结,因此一旦水体入渗后,水分难以快速排出,造成渠基内部的土体软化变形;同时由于细颗粒的毛细作用,地下水快速上升至土体表面蒸发后形成盐渍化,导致孔隙率增高,土体固结度逐渐减小,形成强度丧失的欠固结态土。以上不良土质在渗漏这一外在环境因素影响下,产生不均匀变形、裂缝、管涌、流土和滑坡等多种灾害的发生。

2.2.1　寒区渠道渗漏灾害链致灾过程及特征

渠道防渗结构破坏、排水缺陷及不良土质渗水劣化构成了输水工程灾害链上的致灾因子,输水明渠以及衬砌结构则是灾害链上的主要承灾体,灾害的发生作用于渠道工程结构,同时渠道结构对于灾害具有一定的反馈作用,即承灾体对于灾害具有一定的促进或抑制作用,即使在同一致灾因子作用下,渠道的结构不同,表现的灾害破坏特征也不相同。

1. 渗漏-不均匀变形灾害链

渠道不均匀变形表现因渠道形式、环境作用、土质和衬砌类型等因素影响而呈现不同的破坏特征。渠道填筑形式可分为填方渠道、挖方渠道和半挖半填渠道三类;环境作用可分为温度和水分两类;土质因素较为复杂,包括黏土、粉土、砂土、膨胀土、盐渍土等多种类别。

对于填方渠道,渠堤由新土料填压修筑,土质较为均匀,且压实度较高,一般较难发生不均匀沉降。但在渠道运行过程中,由于渠道渗漏水的长期作用,渠堤浸润线以下发生土体软化、抗剪强度降低、盐分或细颗粒流失等,产生较大沉降和坡面向内塌陷。从整体上表现为填方渠堤沉降,同时坡面行水位以下内凹、行水位以上外凸的不均匀变形(图2.2-1)。在停水期冻结作用下,由于渠底水分无法疏干,冻胀变形较为严重,因此表现为渠底鼓胀(图2.2-2)。

图 2.2-1　填方渠道行水期不均匀变形　　　图 2.2-2　填方渠道冻结期不均匀变形

渠道衬砌结构作为最外层防渗结构,刚度大、厚度小、变形协调能力差的结构体,极易因渠道不均匀变形而产生应力集中。对于现浇衬砌,应力集中超过混凝土抗拉、抗折强度发生强度破坏,表现为张拉裂缝和挤压破碎。对于预制混凝土衬砌渠道,不均匀变形则导致衬砌勾缝拉裂、脱落,继而导致衬砌板鼓胀、脱空、错动。衬砌的破坏增加渠道输水糙率,影响渠道输水效率的发挥。

对于挖方渠道,其由原地面下挖而成,组成渠坡的土体为卸荷状态,可能产生裂隙,因此压实度和防渗性能均低于填方渠道。此外,由于渗漏水出流受限,渠基浸润线高,坡面土体孔压升高,有效应力降低和抗滑力下降,因此,挖方渠道行水期坡面整体下滑,渠顶拉裂,坡面土体上部下凹,下部隆起,带动衬砌起伏变形(图2.2-3)。在冻结期,渠基水分难以排出,较多聚集于渠道中下部和底部,且冻胀量大,导致衬砌严重破坏(图2.2-4)。

图 2.2-3　挖方渠道行水期不均匀变形　　　图 2.2-4　挖方渠道冻结期不均匀变形

综上,渗漏-不均匀变形属于渗漏灾害链最初表现,渗漏是渠道不均匀变形的起点,而不均匀变形的发展又是渠坡裂缝开展、集中渗透破坏(管涌、流土)、失稳滑坡等更加严重灾害的诱发因子。不均匀变形发生后,渠道内部开始产生了结构性破坏,其基土的防渗性能和承载性能出现下降。

2. 渗漏-变形-裂缝灾害链

输水渠道裂缝是水利工程中最常见的一种险情,有时也是其他险情的先兆,有些裂缝可能发展为渗透变形,引起溃堤险情。裂缝按其出现的部位,可分为表面裂缝、内部裂缝;按其走向,可分为横向裂缝、纵向裂缝、龟纹裂缝;按其成因,可分为不均匀沉陷裂缝、滑坡裂缝、干缩裂缝、冰冻裂缝、震动裂缝。其中以横向裂缝和滑坡裂缝危害性较大。

输水渠道长期运行过程中因渗漏导致裂缝产生的主要过程有:

① 入渗水长期作用下渠堤基础地质条件、物理力学性能在浸润线上下产生差异;基础边界条件变化,填土高差悬殊,压缩变形不相同,土壤承载能力差别大,引起不均匀沉陷裂缝(图2.2-5)。

② 渠堤与跨渠桥梁或过水涵洞等混凝土建筑物结合处,由于结合不良,在不均匀沉陷以及渗水作用下引起裂缝(图2.2-6)。

③ 背水坡在高水位渗流作用下抗剪强度降低,临水坡水位骤降或坡脚掏空,均有可能引起滑坡性裂缝,特别是背水坡脚有低洼渗水点、软弱夹层时,更易发生(图2.2-7)。

④ 填筑料采用膨胀性泥岩或低液限粉土等细颗粒含量高的不良土质,引起干缩或冰冻裂缝(图2.2-8)。

图 2.2-5 高填方渠道不均匀沉降裂缝

图 2.2-6 建筑物结合部裂缝趋势

图 2.2-7 背水坡纵向滑坡趋势裂缝

图 2.2-8 渠道粉土干缩裂缝

⑤ 在填筑施工中,尤其是渠道改扩建时,在原有基础上加高或开挖后填筑施工,由于碾压、固结程度不同,新旧结合部位未处理好,在渗流的作用下,出现各种裂缝(图 2.2-9)。

⑥ 由于渠堤本身存在隐患,如蚁穴、鼠洞等,在渗流的作用下引起局部沉陷裂缝(图 2.2-10)。

渠道渗漏-变形-裂缝灾害链是渗漏-不均匀变形灾害链的发展。在其产生过程中,因渗漏引起土体浸润线变化和含水量变化,导致土体软化,引发不均匀变形累积,渠基土体塑性区域扩展后,渠道内外坡裂缝开始形成。因冻融、干湿和盐渍化产生的表层裂缝降低了土体的防渗性能和保温性能,进一步加剧了降水入渗和冻结深度,裂缝不断向深层扩展,逐渐削弱土体强度。因土体软化、不均匀变形和土体与混凝土建筑物接触面产生的内部裂缝,则是导致集中渗漏的通道,诱发后期的滑坡灾害。

图 2.2-9　加高渠道裂缝　　　　　　　　图 2.2-10　渠道孔洞缺陷

3. 渗漏-渗透破坏灾害链

输水渠道渗漏产生的另一灾害链过程表现为渗透破坏,这对于工程主体危害巨大。渗透破坏发生源于前期渗漏带来的渠基土软弱沙砾层中细颗粒流失、排水体系抽吸速度过快带走基础细颗粒、基础与混凝土建筑物界面接触渗漏等多种原因。根据大型输水渠道运行现状调研成果,为能够现场更加直观地从渗透破坏险情的特征及表象上识别险情,将大型渠道的主要渗透破坏现象归结为管涌型、流土型、集中渗漏型、散浸型、顶托型 5 种主要模式。

渠道集中渗透破坏与地质条件、土的级配、水力条件、防渗排水措施等因素有关。输水渠道以上 5 种主要破坏模式,从破坏机理上属于土体管涌、流土、接触冲刷 3 种渗透破坏形式,其中管涌型和流土型在破坏机理上分别对应管涌和流土两种破坏形式,集中渗漏型引发的渗透破坏实质是接触冲刷,顶托型在破坏机理上对应流土破坏,而散浸型主要对应浸润线异常抬高造成的破坏。集中渗漏的发生关键在于基土渗流坡降与临界坡降的关系,临界坡降表征渠基土内细颗粒的启动条件,要正确分析大型渠道渗透变形情况,必须先确定渗透变形的形式,其中接触冲刷比较容易识别,主要是区分最常见的流土和管涌。

（1）管涌型破坏

管涌是指土体中细颗粒在渗流作用下,沿土体骨架形成的孔隙通道流失的现象。管涌破坏主要发生在沙砾石等无黏性土层中。土层发生管涌的内因是填充在粗颗粒孔隙中的细粒土受约束小,能够随水流在孔隙中移动,形成管状水流通道。大型输水渠道的管涌分为内部管涌和外部管涌。对于内部管涌,若渗流出逸区设有排水反滤体或有深厚的黏性土,则能有效阻止细粒土被渗流带出其地基或填筑体外,细粒土逐渐淤塞渗流通道,管涌将消失。严重的内部管涌可能导致建筑物或填筑体发生局部沉降变形。而外部管涌,细颗粒被水流不断带出土体外,水流管道逐渐向内部延伸,带出的颗粒数量、粒径不断增加,最终可能导致工程垮塌。结合大型输水渠道调研情况,易发生管涌的部位主要存在于渠道及建筑物地基中存在出露的沙砾石地层,采用沙砾石及无黏性土填筑的渠堤,挖方渠段沙砾石地层出露且上部为黏性土层、下部为沙砾石层的双层或多层地基,渠道及建筑物外侧导流沟或较低的坑塘揭穿了沙砾石层等部位。在大型输水渠道防渗排水及反滤体系正常的情况下,发生管涌的可能性较小。一般引发管涌的诱因是外部及内部环境造成防渗体系、反滤体系或是管涌土外层黏土等保护层发生破坏。

(2) 流土型破坏

流土是指在渗透水流作用下,填筑体、土坡表面土体或颗粒群体在出逸区表面被渗流水冲动流失的现象。当渗流方向向上时,黏性土流土表现为局部土体表面出现隆起、裂缝,甚至整块土体被渗流抬起;而砂层地表将出现小泉眼,冒气泡,继而发生浮动、跳跃现象。流土破坏一般从渗流出逸区开始逐层剥离,随着流土破坏的发生,介质表层土体的密实度逐渐下降,导致边坡软化或失稳。大型输水渠道流土的易发部位一般有:①渠道及建筑物地基中存在出露的细砂、粉细砂、粉土地层;②采用建筑物外侧粉质土、粉细砂填筑的填筑体在防渗系统失效时产生的渗流出逸区;③上部黏性土层厚度较小、下部为沙砾石层的双层、多层地基;④揭穿了上部黏性土层的开挖渠道或坑塘等等。输水渠道渠堤及地基诱发流土破坏的因素与诱发管涌的外部因素基本相同。

(3) 集中渗漏型破坏

集中渗漏是指水流沿孔洞、界面空隙与裂缝空隙渗漏流动的现象。集中渗漏多发生于填筑体、结合部位的初始渗流通道或局部渗漏通道。孔洞、界面空隙与裂缝空隙在接触冲刷的初期,漏水量少而清;随着接触冲刷的发展,携带出的土粒越来越多,渗出水量明显增加;随着渗流通道逐渐贯通,水流对其边界的冲刷能力逐渐加强,渗漏出口出现时清时浑、水量时大时小的情况,空腔壁面土体发生冲刷、塌落、沉积,直至被冲走。一旦集中渗漏通道出水,特别是出浑水时,险情将迅速发展,危及渠堤安全。若渗漏出口处排水反滤措施不足,则集中渗漏极易直接与渠道水连通,渗漏发展速度快。大型渠道集中渗漏主要发生在填筑体与建筑物结合部、建筑物底板与地基结合部、填筑体自身内部裂缝或孔洞等。根据输水渠道工程特点,引发集中渗漏的诱因主要有:①不均匀沉降、变形等外因导致的建筑物结合面脱开;②相邻填筑土层渗透性差异大、土岩结合面呈非整合结合状态或结合部填土不密实导致接触面集中渗漏;③其他原因导致的贯穿通道等。

(4) 散浸型破坏

散浸是指在渠道持续高水位情况下,渗水异常从背水侧堤坡较高位置出逸,造成大面积坡面出水的现象。渠堤外坡面的散浸危害主要是导致坡脚软化,降低渠道外坡的边坡稳定,导致边坡局部失稳。散浸现象的发生,说明渠堤堤身内部浸润线抬高,会降低局部区域坡体土的抗剪强度以及渠堤边坡稳定安全系数。输水渠道散浸型破坏的易发部位有：①填方渠堤坡面高于渠堤坡脚设置的坡面排水反滤体高度的区域；②高地下水位挖方渠段内边坡一级马道以上渗流出逸点以下的坡面；③挖方渠段地层中的沙砾石强透水地层在大气降水或地下水位短期上升期间的强透水层下方渠道坡面等。散浸情况发生的诱因主要有填方渠道外坡脚的贴坡排水体排水不畅、堤身存在水平渗透弱面、堤身填筑材料渗透特性的非均匀性、外因导致的边坡地下水位上升等。

（5）顶托型破坏

顶托是指对于渠堤、渠堤外坡脚地面、挖方渠道边坡浸润线以下土层，当渗流出水口土层的渗透系数小于内部土层时，出口处的透水体将承受较大的渗流水头，以至于发生隆起、开裂、浮起、滑动失稳破坏的现象。对于大型输水渠道，顶托型破坏主要体现在混凝土衬砌的隆起、开裂等变形，是比较常见的破坏模式。顶托破坏现象的发生主要是由于某一土层或结构体承担的地下水顶托力过高而发生失稳破坏。结合输水渠道特点，其易发部位有：①填方渠道外坡脚的贴坡排水采用现浇混凝土面板进行保护且排水层失效的部位；②填方渠道渠堤建基面河床地基中存在埋置深度较浅的强透水地层，表层覆盖弱透水层，因地下水升高等原因导致弱透水层底板承担的水压力升高的部位；③渠道衬砌、防渗体下方排水不畅，而渠道水位大幅度快速下降的部位；④排水体出口处排水反滤体排水功能失效或排水功能大幅度下降，排水反滤体承担过大的水头的部位等。

4. 渗漏-滑坡灾害链

不均匀变形、裂缝和渗透破坏若没有得到及时处置，任其发展，在灾害积累后最终表现为渠道边坡滑塌，将给渠道运行安全和周边建筑物、居民生命财产造成重大损失。渠道渗漏滑坡灾害链的发展过程包括渗漏-不均匀变形-内外坡拉裂-滑坡灾害链、渗漏-渗透破坏-滑坡灾害链、渗漏-扬压力顶托-内坡滑坡灾害链三大类型。

① 渗漏-不均匀变形-内外坡拉裂-滑坡灾害链由渗漏-变形-裂缝灾害链发展而来，常见于湿陷性黄土地区渠道。首先渠堤产生因不均匀变形的横向裂缝，裂缝处土体抗剪强度丧失，裂缝处集中渗流附加拖曳力成为附加滑动力，导致填方渠堤滑坡溃决。

② 渗漏-渗透破坏-滑坡灾害链是高填方渠道滑坡溃决的常见灾害链之一，常发生于无黏性土和分散性土渠道。渗透破坏造成的细颗粒大量流失、坡脚掏蚀等破坏，直接破坏渠堤出逸点附近或坡脚土体整体结构，由渠堤下方的坍塌进而引发整体溃决。

③ 渗漏-扬压力顶托-内坡滑坡灾害链常见于挖方分散性土、膨胀性土渠道水位降低的运行工况下。由于渠基内水外渗且渠槽水位下降产生的卸荷作用，迎水面渠坡下滑力增加。同时具有分散性、膨胀性的渠基土遇水后强度几乎丧失形成流沙态，导致渠坡坡脚首先破坏，进而引起渠坡整体滑塌。

寒区渠道渗漏灾害因了及灾害链演化过程示意图如图 2.2-11 所示。

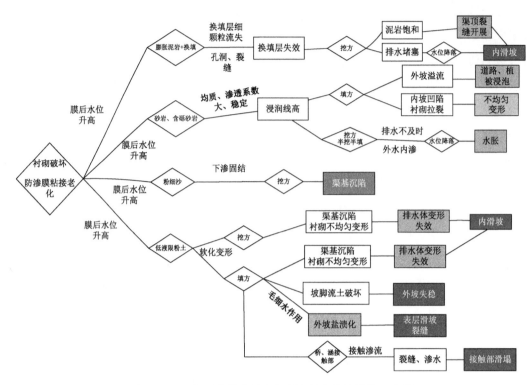

图 2.2-11 寒区渠道渗漏灾害因子及灾害链演化示意图

2.2.2 寒区渠道冻融灾害链致灾过程及特征

渠道的破坏过程首先是自然环境包括太阳辐射、气温变化、降水、蒸发、风速、地下水等因素与渠道工程体系进行能量和物质传递的过程；其次是渠道工程体系内部包括基土和衬砌结构在外部环境影响下，发生热量与物质迁移、组成成分变化、微观结构改变等一系列的链式效应过程，表现为宏观的冻融变形、力学性质劣化和结构变位及破坏行为；最后是渠道工程体系诸多破坏行为大大改变了其自身特性如热传导系数、渗透系数和表面结构等的过程，一方面表现为与自然环境间发生反馈和耦合行为，进一步影响两者间的能量与物质传递规律，另一方面表现为对经济社会造成影响，产生经济损失和社会效益下降。虽然渠道冻融破坏形式多样，程度不同，但在其结构变化特征上体现了一致性，即渠道工程冻融破坏灾害都表征为在外部环境作用影响下的内部机构关系、存在（响应）状态和对外作用及负面影响三方面的动态过程，而且它们之间的相互作用是通过内部结构的链式关系实现的。

1. 外环境致灾因子

根据寒区渠道灾变机理的分析，持续低温、昼夜温差、季节性冻融循环、渠道内水渗漏及外水绕渗等不利外环境是渠道工程体灾害发生的诱因，这些环境因素被称为外环境致灾因子。不利外环境对寒区渠道工程体系通过气温、辐射值、渠水入渗量等形式产生作用，而渠道系统对其响应关系以变量形式可表示为对流换热系数、吸收率、反射率、表面渗阻等参数,这些参数的变化不仅可以反映外环境的作用强度,也可以反映渠道系统本身的响应特性。相应的外环境可通过作用参数与渠道工程系统发生相互作用。

2. 土体冻融敏感性致灾因子

渠基土冻胀变形取决于温度、含水量和土体孔隙率三个因素,这也是判别土体是否为冻胀敏感性土的依据。对于细颗粒含量高的冻胀敏感性土,相应孔隙率低、空气含量少、导热系数低,土体冻深较大。孔隙率带来的一个不利因素在于土体毛细管效应强烈,深层地下水可以上升至冻结锋面附近,形成不断积累的分凝冰层,造成土体膨胀隆起变形。综合以上因素,冻胀敏感性土在相同外界温度和地下水埋深条件下,更容易发生冻胀变形,且由于比表面积更小,根据热力学平衡,低温下冰—水界面上所产生的冻胀压力更大,土体冻胀力较大,造成上方压重的衬砌结构被土体顶起发生破坏。在融化阶段,细颗粒含量高的土体渗透系数小,冰层融化后水分无法从分凝冰层界面排出,形成局部土体的超饱和现象,边坡土体融化变形并非法向固结而是切向滑移,最终造成边坡冻结深度以上的剥蚀性滑塌。

3. 结构性致灾因子

渠道渠槽的外边界形状对其下方土体存在约束作用,尤其在渠基土冻胀时,这种约束作用对未冻结区域土体产生挤压,而约束较小或无约束部位土体自由冻胀,从而导致土体均匀性改变,水分渗流通道改变,在土质疏松位置水分聚集导致土体强度降低。长期的冻融过程会进一步加剧土体的不均匀性和局部强度劣化,导致土层的剥落或深层滑动,产生渠道的整体滑塌灾害。这一过程体现了灾变系统内不同子系统间的循环递进、相互转化的环状关系,最终演化为更为严重的灾害。

(1) 外环境作用下单一灾变链式效应

渠道断面的二维空间特征使其对外界环境的响应在不同部位存在差异,表现为冻结速率在渠底、渠坡和渠顶不一致,这是渠道结构通过对流换热系数的变量实现对外界环境热量输入的反馈过程,体现了渠道工程灾害系统与外环境间的相互作用链式效应。在系统内部,冻结速率的差异导致渠道各部位基土内水分冻结具有先后顺序,以及水平方向含水量由均匀分布转为局部聚集式分布。在冻结温度梯度和土体自身基质势梯度的共同驱动下,冻土层中未冻水继续迁移向初始聚冰位置,其结果是导致最终含冰层在局部不断集聚,造成较大局部冻胀量和渠道的不均匀表面变形。这一过程体现了灾害系统子部分自身对外环境的响应关系。

(2) 灾变子系统内循环递进环-链效应

渠道渠槽的外边界形状对其下方土体存在约束作用,尤其在渠基土冻胀时,这种约束作用对未冻结区域土体产生挤压,而约束较小或无约束部位土体自由冻胀,从而导致土体均匀性改变,水分渗流通道改变,在上质疏松位置水分聚集导致土体强度降低。

（3）灾变子系统间相互作用环-链效应

衬砌结构刚度较土体大,结构整体性较强,限制了土体的不均匀冻胀,衬砌渠道冻胀量小于渠基土最大冻胀量且大于渠基土最小冻胀量;因此,渠基土不均匀冻胀对衬砌结构产生不均匀冻胀力,使衬砌结构各部位冻胀位移方向与大小不同。但因衬砌结构的整体性强,渠基土冻胀与衬砌位移并不同步,造成渠底衬砌结构与土体脱空,悬空衬砌受渠坡衬砌拖曳作用和重力作用产生偏心受拉,这是导致衬砌结构张拉与弯折破坏的根源。以上过程中,作为灾变子系统的衬砌与基土间不同步的变形和结构荷载作用,最终导致衬砌体各类破坏灾害的发生。

（4）外环境作用下多灾演变链式效应

衬砌结构传热快、渗透性低,且与土体存在间隙,在低温下形成冷板效应,使水分在衬砌结构下方聚集冻结,并将周围土体排开,从而在衬砌与基土间形成一层分凝冰层界面,作为冻结期土体与衬砌板间冻结力与冻胀力传递界面;分凝冰层厚度也是导致衬砌冻胀位移的组成部分,在温度升高初期冰层表面融化形成的水膜不断增厚以致完全消失将使冻结力迅速消失,从而引起衬砌脱空及滑塌,进一步形成丧失强度的超饱和泥浆层,加剧衬砌滑动失稳。以上过程中,外环境同时作用于衬砌和基土两部分,随着环境随时间变化以及两部分传热、传质性质差异导致分凝冰这一新的灾变因素产生与消失,系统从而发生冻胀、融沉破坏灾害以及向衬砌滑塌这一新的灾变。

综上,寒区渠道工程的冻融灾变可描述为:在外环境与工程体系相互作用下,衬砌与基土组成的系统首先发生传热、传质和分凝冰生消;其次,基土内部热量受外环境和渠道结构影响发生重新分布,驱动水分的重新分配从而局部聚集引起不均匀冻融变形;再次,不均匀的土体冻融变形与衬砌结构间相互作用,导致结构的鼓胀、开裂、错动等前期破坏;最后,土体冻融变形受渠道结构约束,致使土体结构与强度发生劣化,分凝冰的作用加剧土体性能劣化和衬砌-土体接触层劣化,最终使渠道工程发生进一步的滑塌破坏。因此在渠道系统的冻融灾变链演化发展过程中,包含渠道子系统之间的因果、循环递进过程和各子系统内部响应过程,反映了渠道冻融灾变链的环-链特征效应,如图 2.2-12 寒区渠道冻融灾害因子及灾害链演化过程示意图所示。

2.2.3　寒区渠道总体灾害链

根据灾害链体现的物质、信息传递链式过程,总结以上渗漏和冻融灾害的链式发展过程,可以看出,渠道运行过程中的诸多灾害都是由水的传递和形态变化导致的,因此可以将寒区渠道运行灾害链的信息传递过程归纳为水的传递过程。

灾害链起始为因防渗结构破坏导致的渠水入渗,此时水作为外水存在,且既有入渗压力、又有渠道荷载的作用。渠水入渗后引起防渗体后水压上升,此部分水没有深入基土,

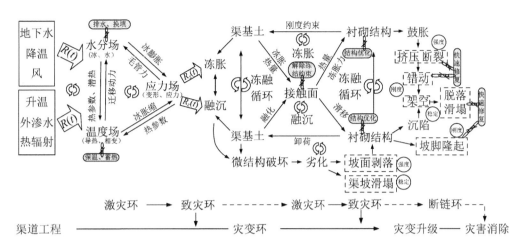

图 2.2-12　寒区渠道冻融灾害因子及灾害链演化过程示意图

仍然是外水,引起衬砌结构水毁破坏,尤其在降水期内水外渗的工况下,灾害尤其突出。防渗体后膜后水一部分通过排水体系排出渠道系统,当排水体系效率不足时则入渗进入基土。

基土入渗水成为渠道系统内水,是对系统内部结构产生强烈作用的水分,入渗水一部分存于土体孔隙中,作为孔隙水提供土体骨架静水压力,造成土体有效应力降低,从而产生土体结构浮动变形。孔隙水在压力梯度下在孔隙或裂缝中产生流动,即为内部动水,对土体产生渗流力,引起土体结构切向变形,超过土体细颗粒启动流速的渗流水还将造成细颗粒的迁移和流失,并在出逸点引发管涌或流土破坏。

土体内水的另一种存在形式为结合水或薄膜水,薄膜水与土颗粒结合后导致土体微结构破坏、颗粒间摩擦力下降、基质吸力变化和黏聚力的改变。这一系列微观结构的变化在宏观上表现为土体力学性质的变化,例如对于结构性黄土而言,微观结构破坏造成黄土的湿陷变形;对于分散性土而言,含水量变化最终引起土体崩解,强度完全丧失;对于膨胀性土而言,含水量变化则会引起吸湿膨胀和脱水干裂,土体强度软化。渠道的变形、裂缝与滑坡灾害均是源于结合水作用下土体强度劣化,在自重或内水外渗作用下整体结构破坏发生的失稳。

在寒区降温环境中,土体水发生相变成为孔隙冰,同时在温度梯度和基质势作用下,水分通过毛细管效应向冻结锋面的结冰处迁移,此部分为动水和相变水,最终引起土体冻胀变形。在温度回升后,含冰层水分无法快速消散,形成超饱和孔隙水,导致土体强度的劣化,从而发展为沿分凝冰层界面的浅层滑塌。此外,渠道外坡表面蒸发引起水分向表层迁移,水由液态向气态转化,水中矿物质留存在土体表层,改变土颗粒间电性,导致土体盐渍化和分散化。盐渍化土体孔隙率显著增大,固结度降低成为欠固结土,其土体黏性下降,在自重作用下渠道外坡极易产生滑动裂缝。

由此,可以将渗漏、冻融灾害过程,以水的传递与变化作为线索进行连接,形成寒区渠道的总体灾害链,其发展示意图如图 2.2-13 所示。

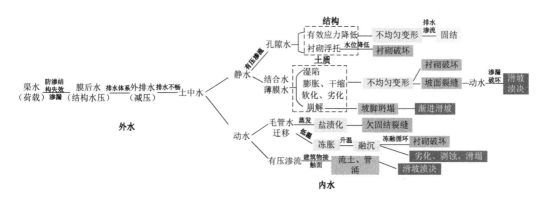

图 2.2-13　寒区渠道总体灾害链

2.3　寒区渠道运行风险分级评价模型

2.3.1　基于灾害链的寒区渠道运行风险评价思想

对工程的运行风险评价,目前多采用层次分析法建立多级评价指标体系。首先,在确定指标体系时,往往根据工程经验和灾害机理进行判断,从而找出影响工程安全的主要类别作为一级评价指标。其次,在各类别中识别主要贡献因子,将其作为第二级指标体系,依此类推确定多级指标体系。为量化各指标体系对工程风险的贡献大小,需要人为划定评价指标语义集及其对应的量化数值。最后,在采用熵权法或专家打分策略计算各指标的权重系数后,通过权重与量化指标值的线性加权平均,获得总体风险评价的量化结果。

层次分析法是进行风险及安全评价的基本框架,体现了对工程风险分析的演绎归纳思想,同时指标层次性反映了工程灾害的系统性和系统间的联动性,同一层次内的递进关系反映了工程灾害的链式演化特性。因此,灾害链思想与层次分析法具有较好的匹配关系。其不同之处在于,通过灾害链的物质信息和能量信息传递来划分评价层次,具有更加清晰的灾害分析思路,同时灾害致灾因子间的相互耦合关系可以融入层析分析法的权重因子赋值当中。

对寒区渠道运行进行风险评价,首先,需要对寒区各类灾害发生的后果危害性进行第一层次的评价,用于确定灾害等级;其次,基于寒区输水渠道灾害链演进因果链式关系,对导致灾害发生的各类致因子与外环境因素进行评价,用于判定灾害发生的可能性;最后,综合灾害等级和发生概率对渠道运行风险进行评价,形成风险评价体系。由于不同工程所处环境、工程地质、水文地质和结构形式不同,对其风险评价的指标体系相应有所调整,因此在指标体系建立过程中,需要结合具体的工程进行,因此本书选取具有代表性的北疆地区长距离供水渠道工程北疆供水工程一期工程为例,建立相对应的风险评价体系。

2.3.2　寒区渠道运行风险评价体系的建立

北疆供水工程一期工程总干渠与南干渠总长约 500 km,跨越多个地质带,平均冻深 1.8 m,属于高寒区。工程区域内渠道土质包括沙砾石、膨胀泥岩、风积沙、低液限粉土、分散性流沙土和盐渍化土等多种类型,渠道填筑类型包括填方渠道(填方高度 7~15 m)、挖方渠道(挖方深度 5~40 m)和半挖半填渠道,断面形式有弧脚梯形和梯形两类。渠道防渗结构类型多样,包括预制混凝土板＋一布一膜复合防渗、全断面现浇混凝土衬砌＋土工膜复合防渗、弧底现浇＋坡面预制混凝土块＋防渗膜以及聚脲涂层、LEAC 聚丙烯酸涂层等表面防渗涂料。在排水体系方面,根据渠道土质、挖填方形式和周边地势,设置有高填方区纵横向排水管＋竖井集水抽排设施、纵横向排水管＋横向自流排水沟设施以及底部排水填筑料＋横向排水棱体自流排水设施。

经过近 20 年的运行,北疆供水工程防渗体系出现不同程度的老化失效,排水体系也存在不同程度的淤堵导致的排水效率下降情况,渠道渗漏情况逐年加剧导致基土水分变动剧烈,土体随即产生循环的膨胀变形和固结变形。对于不同的土质,长期水分变化带来的影响可能是强度劣化,也可能是固结强化,因此有必要对工程运行风险进行精确的评价,为灾害的预防处置提供科学的参考。

北疆供水工程运行风险评价包括两个方面:一是结合灾害表现、灾害后果和灾害影响,对北疆供水工程可能出现的工程灾害进行危害性评价;二是根据灾害链致灾因子相关的灾害演变规律,对北疆供水工程的灾害隐患进行致灾性评价。最终得到北疆供水工程运行风险评价指标体系,即灾害危害性评价指标体系与致灾性评价指标体系。

1. 寒区渠道运行灾害危害性评价指标及指标赋值

北疆供水工程线路长,沿线跨越多个水文地质区域,因此土质和地下水赋存条件多变。经过多年运行期的湿干冻融过程,渠道原有防渗结构逐渐老化,渠道基础土体内部渗漏通道和缺陷区域发展,导致了渠道渗漏严重,部分区域发生因渗漏产生次生灾害,严重威胁渠道的自身和沿线安全。因此,该工程的运行灾害危险性评价依据在于各类灾害发生自身及次生灾害对工程的危害性和对周边的危害性,本书从两个方面分别对北疆供水工程进行评价。

(1)工程危害性

依据不同渠基土质特性以及渠道挖填形式,分类归纳分析其渗漏或冻融的原因、灾害形式特征以及对次生灾害的诱发可能性。通过现场调研,可以将渗漏与冻融破坏的工程危害性由轻到重分为影响外观、不利运行、难以运行和威胁安全四个等级。

① 影响外观,无次生灾害。北疆供水渠道渗漏与冻融灾害首先表现为不均匀变形、衬砌变位和预制板勾缝脱落,出现在沙砾石和风积沙填筑且渠底含透水层区域。在运行期,由于膜后水位升高造成衬砌板浮动、砂浆层拉裂,在停水后基土水分迅速下排,土体固结沉降,而后衬砌板下沉、错位。以上渗漏引发的渠道破坏仅涉及不均匀变形和衬砌板破坏,对渠基土体结构和整体运行不会造成进一步的破坏,灾害链发展停止,因此仅对渠道外观和行水糙率产生一定的影响,定义工程危害性低。

② 不利运行,次生灾害小。对于挖方类或半挖半填类渠道,渠基为沙砾石但底部存在隔水层,渗漏产生的膜后水位升高抬升衬砌板后,降水期排水体系效率不足导致渠基水难以向下和向坡外渗出,渗水只能从衬砌表面反渗回渠道。在这种情况下,不仅会产生渠基的不均匀变形,而且对衬砌产生进一步的扬压力破坏,俗称"水胀"破坏,此时衬砌结构大面积隆起(高度 20~40 cm)。由于沙砾石与粉土饱和后发生一定软化变形,承载力下降,挖方渠道内坡伴有不同程度的坡脚变形和坡面下滑。以上破坏导致渠道纵坡坡度和横断面形状均发生变化,渠底下方排水体或排水管发生变形,进一步阻碍排水效率发挥,并且正常输水水头损失加大,渠道水流对坡面冲刷加剧,影响了输水效率。但由于沙砾石自身稳定性不会完全丧失,因此渠基暂无整体滑塌的风险,因此将其定义为不利运行,工程危害性较低。

③ 难以运行,诱发冻融。渠道发生局部滑塌,一般表现为内坡浅层土体连衬砌板向渠槽滑动,此时渠道难以运行,必选采取换填和边坡恢复。该类灾害在北疆供水工程中出现于渠基为泥岩、分散性土和粉土的区域的挖方或半挖半填类渠道。泥岩或分散性土在渗漏作用下,土体发生膨胀变形,渠道边坡衬砌浮动剧烈,形成波浪状。土体饱和后崩解为流沙态,强度完全丧失。在输水期,由于渠水荷载起到稳定边坡作用,内坡能保持整体稳定,但在渠顶开始出现裂缝;在降水位期或停水期,由于卸荷作用,渠道内边坡极易发生滑塌;在渠道越冬期间,由于上述土质细颗粒含量高,属于冻胀敏感土,渠基滞留水较多,冻胀量大;在春融期,土体排水不畅,从而在含冰层形成超饱和区域,渠基存在发生春融滑塌的灾害风险,严重影响接下来的输水,为工程抢修带来极大困难。综上,对于泥岩、分散性土、粉土等地段挖方/半挖方渠道,渗漏和冻融两类灾害的叠加,造成渠道丧失输水能力,工程危害性较大。

④ 威胁安全,诱发溃决。填方渠道可能因为渗透破坏、裂缝集中渗流,而在运行过程中期发生外坡滑坡或溃决,甚至引发深挖方渠段高边坡滑坡阻塞渠道的连锁渠堤溃决等灾害,此类灾害属于威胁工程区和周边居民安全的工程危害。北疆供水工程高填方段分布于风化砂砾岩地质区和冲积河谷平原的粉土区。前一类地质区填方渗漏后快速通过渠堤在

外坡产生出逸,在长期作用下细颗粒流失导致坡脚掏空软化,引发管涌和滑坡灾害;后一类区域粉土渗透性小,渗漏水一般通过不均匀沉降产生的裂缝、建筑物与土体接触面等位置产生集中渗流,最后由外坡出逸,从而产生管涌或流土类滑坡灾害。深挖方渠段位于北疆供水工程风化沙砾石地质区域,边坡土质无黏性,易产生冲刷、崩解,受上游绕渗和顶部灌区绕渗影响,渠道水位以上的高边坡处容易发生渗漏出逸。越冬季节坡面马道积水结冰、坡面冻胀现象常有发生,为春融滑塌提供了灾害诱发因素。长期渗漏与冻融作用可能导致高边坡滑坡,从而滑坡体阻塞渠道,造成渠内堰塞坝。因此填方和深挖方段的渗漏、裂缝和滑坡灾害具有链式发展的可能性,工程危害性大。

(2)周边危害性

渠道渗漏与冻融对周围环境造成一定影响,北疆供水工程周边存在灌木与乔木植被、戈壁、沙漠、农田、工厂和房屋等环境因素,需要根据环境因素分布特征对渗漏与冻融灾害的周边危害进行区别评价。在戈壁和沙漠带,渗漏引起的地下水位上升有利于植物生长,无周边危害性;在植被和农田分布地带,少量渗漏有利于植物生长,但大量渗漏出逸后淹没地势低洼处的植被和农作物,会造成植被或作物死亡;在工厂和房屋分布地带,渗漏产生的持续高地下水位使得地基变形,冬季低温时的基础冻胀量大,工厂与房屋建筑物因此发生破坏。在填方或深挖方区域的滑坡灾害和渠堤溃决,对农田、建筑物和人员造成巨大威胁。

综上,建立北疆供水工程沿线渠道渗漏、冻融灾害的危害性指标 H,它包括工程危害性 He（hazard to engineering）和周边危害性 Hs（hazard to surroundings）。对工程危害性四个等级的语义描述进行百分制赋值:影响外观赋值为 $0 \sim 25$ 分,不利运行赋值为 $26 \sim 50$ 分,难以运行赋值为 $51 \sim 75$ 分,威胁安全赋值为 $76 \sim 100$ 分。对周边危害性四个等级的语义描述同样进行百分制赋值:无危害或有利赋值为 0,仅植被破坏赋值为 $1 \sim 35$ 分,建筑物损坏赋值为 $36 \sim 75$ 分,冲毁破坏赋值为 $76 \sim 100$ 分。

2. 寒区渠道运行灾害致灾性评价指标及赋值

根据灾害链的因果关系,北疆供水工程诸多灾害的危害性的区别在于土质和渠道断面类型的不同,它们是灾害发生的决定性因素。此外,基础缺陷概率、排水失效概率和防渗破坏概率综合归为灾害发生的概率性因素。相应地,将土质、渠道断面和发生概率作为评价致灾性的指标。

(1)渠道土质是渗漏和冻融灾害致灾性的内源性决定因素

对于北疆供水工程的渠道而言,在相同施工条件、防渗结构、排水体系和断面形式下,运行期所存在的灾害严重发生区域大都是不良土质分布区域;在土质良好区域,常年渗漏和土体冻融变形并不会引发渠道灾害,而是促使渠基土稳定。综合北疆供水工程现场调研结果,确定土质类型包括膨胀泥岩 $A1$、低液限粉黏土 $A2$、换填泥岩 $A3$、风化砂砾岩 $A4$、风积沙 $A5$,从 $A1$ 至 $A5$ 土质从不良到良好转变。膨胀泥岩类土质天然存在工程缺陷,如遇水膨胀、饱和软化变形成流动态,渗透性差、土中水分难以迅速排出,细颗粒含量高、冻融变形敏感,因此致灾性大。低液限粉黏土类土质渗透性小、黏聚性差,水分一般难以入渗,同时也难以排出,长期积累的渗漏量会导致土体因饱和而发生分散、软化变形;在建筑物接触部位,较差的黏聚性极易产生接触裂缝和集中渗漏,从而发生渗透破坏。泥岩经过换填后,如采用透水性较好的沙砾石对表层膨胀泥岩进行更换,对于渠道的稳定性具有增强作用,但是由于换填深度有限,且随着运行期渗流作用,换填料的堵塞和劣化仍然使渠道泥岩暴露在渠水作用下,从而引起灾害的发展演化。风化砂砾岩类土质对于渠基的排水和稳定性都具有促进作用,在排水条件通畅环境下渠基排渗速度快,不会形成长期积水饱和,且冻融敏感性较弱。然而风化砂砾岩类土质级配较差,渗流速度快,易造成细颗粒流动,形成渠堤孔洞区域,进而形成渠基的不均匀变形,并有可能发展为渠坡失稳的灾害。风积沙类土质具备良好的排水性能,夯实后土体在最优含水率下具有较强承载力,停水后或水位降落期,在风积沙土体迅速疏干后黏聚力出现较大程度衰减,渠坡有一定的不均匀变形和滑坡风险。

(2)渠道断面形式是对灾害发生发展的外源性决定因素

在土质确定的前提下,渠道断面对渠道内部排水、结构承载、灾害发展具有促进和抑制性的外在影响。北疆供水渠道可分为填方 $B1$、深挖方(大于 15 m) $B2$、半挖半填 $B3$ 和挖方 $B4$ 四类。填方类渠道迎水面承受水荷载而背水面临空,自身具有较好的渗漏水出逸通道,在渠底排水体系完善情况下,不会形成渗漏水滞留渠基导致的土体软化和低温冻胀,但是渗流作用下可引起外坡渗透破坏和滑坡溃决灾害,对应产生威胁安全的工程危害性和严重的周边危害性。深挖方类渠道内边坡为高边坡构造,渠水位对内坡的加压固坡作用较弱,易产生高边坡滑塌堵塞渠槽的风险。半挖半填类渠道在挖填结合区是薄弱带,可能发生界面渗漏以及由此造成的不均匀变形,同时与挖方类渠道相似,渠道向地面线以下开挖而成,引水坡渗漏水若无畅通排逸通道,渠基滞留水将导致渠坡软化,产生不均匀抬升和沉降灾害,且在停水和降水位期出现水胀破坏或内坡滑塌等不利运行或难以运行的工程危害。

(3)渠道运行灾害致灾性存在一定的概率性因素

渠道运行期灾害致灾性虽然取决于渠道土质和渠道断面类型两个主要因素,然而具备两个因素的渠道并非绝对性地产生相应灾害后果,而是具有一定的概率,体现了长距离输水渠道灾害的不确定性。防渗结构中预制混凝土衬砌砂浆缝施工质量缺陷概率、施工过程防渗膜破损或搭接不合格概率影响最初的渠道渗漏量和渗漏位置;渠底排水体系长期运行后的淤堵、变形、失效概率影响渠水滞留位置和该位置处的土体软化和冻胀;渠基土的软弱夹层、裂缝和孔洞等缺陷概率影响渗流路径和渗透破坏发生。据此,将致灾概率分为防渗结构缺陷概率 Pf、排水缺陷概率 Pp 和基础缺陷概率 Pt 三个方面,通过三个概率的加权平均确定总体的致灾概率 P。

综上,形成了寒区渠道运行灾害致灾性评价指标体系 Z,由于致灾性指标是对危害性指标分值的修正,因此采用归一化的系数进行赋值。其中,土质指标从 $A1\sim A5$ 的归一化系数分别为 1、0.8、0.6、0.4 和 0.2;渠道类型 $B1\sim B4$ 归一化系数为 1、0.75、0.5 和 0.25;为便于现场统计和计算,概率指标简便划分为高(0.95)、较高(0.65)、较低(0.35)和低(0.05)。

3. 寒区渠道运行风险评价指标体系及模型

由于危险性评价指标和致灾性评价指标代表含义和赋值方式不同,其权重因子采用独立赋值的双权值赋值方法。对于北疆供水工程而言,工程沿线环境简单,分布少量植被且人烟稀少,因此工程危害性为首要关心内容,而周边危害性为次要内容。基于此,工程危害性指标 He 权重高于周边危害性指标 Hs 权重。致灾性评价指标方面,从灾害的致灾机理分析,土质 A 为内源性的诱发灾害,渠道断面形式 B 则是外源性的表现灾害,因此土质指标权重高于渠道断面形式指标。不确定性概率性评价指标 P 权重略低于前两个确定性指标权重。在不确定性概率性评价指标层次上,基础缺陷概率 Pt 权重高于排水缺陷概率 Pp 权重,排水缺陷概率 Pp 权重高于防渗结构缺陷概率 Pf 权重。

(1) 构建判断矩阵

对隶属于同一层次的因子采用相同尺度标准进行两两对比,得出本层所有因子针对上层因子的相对重要性,由此构建判断矩阵。通常选择 $1\sim 9$ 比较标度法确定各评价因子间的相互重要关系,如表 2.3-1 所示。

表 2.3-1　判断矩阵标度法

标度值	含义
1	两者同等重要
3	前者比后者稍微重要
5	前者比后者比较重要
7	前者比后者十分重要
9	前者比后者绝对重要
2、4、6、8	表示上述相邻判断的中间值
上述数据的倒数	后者比前者的重要程度倒数

(2) 进行权重计算

构建判断矩阵 A：$AW = \lambda_{\max} \cdot W$,计算矩阵 A 的最大特征根 $\lambda_{\max}$ 和对应特征向量 W,W 归一化处理后的分量对应每层因子的权重系数。判断矩阵的最大特征根和特征向量采用方根法计算,最后对所求特征向量 W 进行一致性和随机性检验,如下式:

$$CI = \frac{\lambda_{\max} - m}{m - 1} \qquad (2.3-1)$$

$$CR = \frac{CI}{RI} \qquad (2.3-2)$$

式中：CI 为一致性指标；

　　m 为判断矩阵阶数；

　　RI 为判断矩阵平均随机一致性指标（由大量试验给出），12 阶以下判断矩阵取值如
表 2.3-2 所示；

　　CR 为判断矩阵随机一致性比率，当 $CR < 0.1$ 时，认为判断矩阵具有满意的一致性，
说明权数分配是合理，否则，需重新调整判断矩阵至取得满意的一致性为止。$\lambda_{\max}$ 取
值如表 2.3-2 所示。

表 2.3-2　一致性指标值

阶数	1	2	3	4	5	6
RI	0	0	0.52	0.89	1.12	1.26
阶数	7	8	9	10	11	12
RI	1.36	1.41	1.46	1.49	1.52	1.54

　　根据对比矩阵计算权重的方法，分别得到危害性评价指标、致灾性评价指标及概率性
评价指标的对比矩阵，如表 2.3-3 所示。

表 2.3-3　灾害风险评价指标对比矩阵

危害性	He	Hs
He	1	1/3
Hs	3	1

致灾性	A	B	P
A	1	1/3	1/5
B	3	1	1/3
P	5	3	1

概率性	Pf	Pp	Pt
Pf	1	3	5
Pp	1/3	1	3
Pt	1/5	1/3	1

　　计算得到各指标及其权重值，如表 2.3-4 所示。

表 2.3-4　灾害风险评价指标体系及权重

风险	风险指标	权重	指标因子	权重	概率因子	权重
北疆供水工程运行期灾害风险值 F	危害性 H	1	工程危害性 He	0.750 0	—	—
			周边危害性 Hs	0.250 0	—	—
	致灾性 Z	1	土质 A	0.637 0	—	—
			渠道断面 B	0.258 3	—	—
			概率 P	0.104 7	Pf	0.104 7
					Pp	0.258 3
					Pt	0.637 0

通过评价指标与权重因子的组合计算,最终获得北疆供水工程运行期灾害风险值模型,如下式:

$$F = W_{He} \cdot [He_{min} + (He_{max} - He_{min}) \cdot (W_A \cdot A + W_B \cdot B + W_P \cdot P)]$$
$$+ W_{Hs} \cdot [Hs_{min} + (Hs_{max} - Hs_{min}) \cdot (W_A \cdot A + W_B \cdot B + W_P \cdot P)]$$

$$(2.3-3)$$

式中：He_{min} 和 Hs_{min} 分别为工程危害性和周边危害性指标因子最低分值;

He_{max} 和 Hs_{max} 分别为工程危害性和周边危害性指标因子最高分值;

A 为土质指标值;

B 为断面指标值;

P 为失效概率。

结合北疆供水工程沿线工程特征、地质特征和周边环境特征等实际情况,将工程区划分为总干与戈壁明渠、沙漠明渠和平原明渠三大特征区域,在各特征区域根据土质和渠道断面进行进一步细化,得到总体线路上渠道运行风险的评价结果,依据风险值 F 的得分,划分风险等级,即 0~34 分为低风险,35~74 分为中风险,75~95 分为中高风险,95 分以上为高风险,评价结果如表 2.3-5 所示,等级划分结果如表 2.3-6 所示。

表 2.3-5　北疆供水工程沿线区域运行灾害风险评价结果

工程区域	土质 A	断面 B	灾害特征	工程危害 He	周边危害 Hs	致灾概率 P		
						Pf	Pp	Pt
总干与戈壁	风化砂砾岩 A4 (0.4)	填方 B1 (1.0)	①渗漏出逸,细颗粒流失;②外坡脚掏蚀破坏,渗透破坏,滑坡溃决	威胁安全 (76~100)	建筑物基础变形,植被破坏 (36~75)	较高 (0.65)	较低 (0.35)	低 (0.05)
		深挖方 B2 (0.75)	①高边坡渗水、冻胀;②高边坡滑坡	威胁安全 (76~100)	无建筑物(0)	较高 (0.65)	较低 (0.35)	较低 (0.35)

(续表)

工程区域	土质 A	断面 B	灾害特征	工程危害 He	周边危害 Hs	致灾概率 P		
						Pf	Pp	Pt
总干与戈壁	风化砂砾岩 A4 (0.4)	半挖半填 B3 (0.5)	①渗漏不均匀变形;②挖填结合区变形不协调,水胀破坏	不利运行 (26～50)	植被破坏 (1～35)	较高 (0.65)	较高 (0.65)	较高 (0.65)
		挖方 B4 (0.25)	①渗漏不均匀变形;②渠顶沉陷,顶部裂缝,水胀冻融破坏	不利运行 (26～50)	无(0)	较高 (0.65)	较高 (0.65)	较高 (0.65)
	泥岩 A1 (1.0)	深挖方 B2 (0.75)	①高边坡渗水、冻胀;②高边坡滑坡	威胁安全 (76～100)	无建筑物(0)	较高 (0.65)	较高 (0.65)	较低 (0.35)
		半挖半填 B3 (0.5)	①结合部出逸,细颗粒流失,挖方区沉降;②坡面鼓胀,降水内滑坡,冻融浅层滑塌	难以运行 (51～75)	植被破坏 (1～35)	较高 (0.65)	较低 (0.35)	较低 (0.35)
		挖方 B4 (0.25)	①渠坡饱水,土质软化膨胀;②行水渠顶下沉裂缝,坡面鼓胀;③降水内坡大面积滑塌,冻融浅层滑塌	难以运行 (51～75)	无(0)	较高 (0.65)	较高 (0.65)	较高 (0.65)
	泥岩换填 A3 (0.6)	深挖方 B2 (0.75)	①高边坡渗水、冻胀;②高边坡滑坡	威胁安全 (76～100)	有房屋,房屋损毁(76～100)	较低 (0.35)	较低 (0.35)	低 (0.05)
		半挖半填 B3 (0.5)	①结合部出逸,细颗粒流失,挖方区域水位变动;②挖填结合区变形不协调,水胀破坏	不利运行 (26～50)	植被破坏 (1～35)	较低 (0.35)	较低 (0.35)	低 (0.05)
		挖方 B4 (0.25)	①渠坡水位变动剧烈;②渠顶沉陷,顶部裂缝,水胀破坏	不利运行 (26～50)	无(0)	较低 (0.35)	较低 (0.35)	低 (0.05)
沙漠	风积沙 A5 (0.2)	挖方 B4 (0.25)	①渗水流失快,基础渗透变形;②渠坡不均匀变形,渠顶衬砌开裂	影响外观 (0～25)	植被恢复(0)	较高 (0.65)	低 (0.05)	低 (0.05)
平原	粉黏土 A2 (0.8)	填方 B1 (1.0)	①地下水位升高,坡面盐渍化,渠基软化变形;②土体剥蚀严重,外坡面开裂,马道酥松,坡脚流土破坏,渠坡失稳	威胁安全 (76～100)	建筑物、农田冲毁(76～100)	较低 (0.35)	较高 (0.65)	较高 (0.65)
		半挖半填 B3 (0.5)	①水分长期滞留,渠基软化,排水体破坏;②内坡衬砌变形严重,挖填结合面松软,土体盐渍化,外坡面轻微剥蚀	不利运行 (26～50)	建筑物基础破坏(36～75)	较低 (0.35)	较高 (0.65)	较高 (0.65)
		挖方 B4 (0.25)	①水分长期滞留,地下水位偏高,表面盐渍化,渠基软化变形,排水体失效;②渠顶渠坡随水位变形剧烈,衬砌大范围破坏,土体承载力降低	不利运行 (26～50)	建筑物基础变形(36～75)	较低 (0.35)	较高 (0.65)	较高 (0.65)

表 2.3-6 北疆供水工程沿线区域运行灾害风险等级划分

He 值 0.75	Hs 值 0.25	A 0.64	B 0.26	Pf 0.105	Pp 0.26	Pt 0.637	P 0.105	Z	F 值	分级
88.79	56.79	0.4	1.00	0.65	0.35	0.05	0.19	0.533	80.79	中高风险
87.72	0.00	0.4	0.75	0.65	0.35	0.35	0.381	0.488	65.79	中风险
36.85	16.37	0.4	0.50	0.65	0.65	0.65	0.452	0.452	31.73	低风险
35.30	0.00	0.4	0.25	0.65	0.65	0.65	0.65	0.387	26.47	低风险
97.09	0.00	1.0	0.75	0.65	0.65	0.35	0.459	0.879	72.82	中风险
70.35	28.41	1.0	1.00	0.65	0.65	0.35	0.381	0.806	59.86	中风险
75.00	0.00	1.0	1.00	0.65	0.65	0.65	0.650	0.770	56.25	中风险
91.18	91.18	0.6	0.75	0.35	0.35	0.65	0.541	0.633	91.18	中高风险
38.67	18.95	0.6	0.50	0.35	0.35	0.05	0.159	0.528	33.74	低风险
37.12	0.00	0.6	0.25	0.35	0.35	0.05	0.159	0.463	27.84	低风险
6.00	0.00	0.2	0.25	0.65	0.05	0.05	0.113	0.204	4.50	低风险
95.50	95.5	0.8	1.00	0.35	0.65	0.35	0.427	0.813	95.50	高风险
42.40	62.66	0.8	0.50	0.35	0.65	0.35	0.427	0.684	50.51	中风险
40.85	60.14	0.8	0.25	0.35	0.65	0.35	0.427	0.619	48.57	中风险

2.3.3 寒区渠道运行健康度诊断的模糊云评价方法

寒区渠道运行健康度评价是在渗漏险情分级和灾害预测之后,针对各等级区域的灾害发生规律和表现形式,采取巡检、安全监测和预测分析手段,对渠道目前运行健康桩体的综合分析评价。通过对渠道当前运行的渗漏隐患进行量化评分,科学研判渠道渗漏险情的发展变化趋势,为进一步的维修改造、抢险维护提供科学依据。

1. 健康度评价体系的建立

寒区渠道运行健康度评价首要工作是建立科学实用的评价指标体系,所含指标应贯穿渠道工程灾害链各关键致灾节点。由灾害链演化过程可以看出,寒区输水渠道破坏过程受水的运移过程和表现形态影响而呈现不同的破坏模式和破坏程度。而水的运移路径取决于渠道防渗与排水体系的工作性能,水的赋存形态则由渠基土质决定。为此在评价渠道运行时的健康度时,依据灾害链原理将防渗体系健康度、排水体系健康度和土方工程健康度作为第一层次的评价指标。

进一步地,分别对防渗体系、排水体系和土方工程健康度指标进行细化。在防渗体系中,渠道防渗依赖衬砌、土工膜形成复合防渗体,其完整性与否决定了水流入渗速度,即外水转化为内水的速度。换填垫层起到辅助防渗、截断毛细水上升通道及疏导滞留水的作用。当渠水通过防渗体系后,聚集在防渗体系与土体间,形成膜后有压水,反映了防渗体系的健康度,同时膜后有压水作为土体入渗边界,直接影响渠基土的孔隙水压大小和浸润线的位置。输水渠道排水体系可将渗漏水及时排出渠基,降低土体孔隙水和浸润线高度,有助于渠道稳定。排水体系分为底部排水管(排水棱体)和反滤料两部分。其中,排水管或排水棱体堵塞导致渗漏水滞留渠基土软化破坏,产生滑坡;反滤料破坏则会在排水过程中造成土颗粒流失,形成空洞和渗漏通道,进而造成渠道边坡的管涌破坏。土方工程健康度指标中,土体的膨胀性和冻胀敏感性分别是渠道渗漏与冻融灾害诱发的内因,表征渠基水敏稳定性和低温冻融稳定性的基本性能。在运行期,排水不畅的渠道在渗漏水作用下产生背水坡坡面变形和坡脚隆起变形,这是渠道渗漏破坏的先兆险情;而在停水期和冻结期,迎水坡因扬压力和冻胀力导致坡面鼓胀和衬砌错位隆起变形,引发防渗层的破坏。因此,坡面变形和坡脚形态也是预测防渗体系健康度的重要指标。最后,渠道的渗漏出溢位置是计算渗透梯度并判断渠道渗透破坏的重要指标。

综上分析,将衬砌完整性、土工膜完整性和垫层完整性作为渠道防渗体系健康度评价的第二层次指标,将膜后水位、排水堵塞程度和反滤料性能作为排水体系健康度评价第二层次指标,将土体膨胀性、冻胀敏感性、坡面变形、坡脚形态和出溢位置作为土方工程健康度评价第二层次指标。

为此,综合科学性和可操作性,按照灾害链的演化链条,结合运管实际,提炼出相对适用的指标,主要包括:衬砌完整性、土工膜完整性、垫层完整性、膜后水位、排水堵塞程度、反滤料性能、土体膨胀性、冻胀敏感性、坡面变形、坡脚形态、出溢位置等11个指标。其中衬砌完整性、土工膜完整性、垫层完整性属于渠道防渗体系健康度范畴,是寒区渠道产生各类破坏的先决条件;膜后水位、排水堵塞程度、反滤料性能是排水体系健康度的组成部分,是"外水"是否转为"土中水"的节点;土体膨胀性、冻胀敏感性、坡面变形反映了渠基工程健康度,决定了渠道整体结构是否发生破坏;坡脚形态、出溢位置则反映了渠道的破坏程度。

采用层次分析法建立寒区渠道运行健康度评价指标体系,如表 2.3-7 所示。

表 2.3-7　寒区渠道运行健康度评价指标体系

目标层	准则层	指标因子层	指标说明
渠道运行健康度指数 H	防渗体系健康度(F)	衬砌完整性($F1$)	1—破坏衬砌面积/完整衬砌面积
		土工膜完整性($F2$)	1—破损土工膜面积/完整土工膜面积
		垫层完整性($F3$)	1—劣化换填层面积/完整换填层面积
	排水体系健康度(D)	膜后水位($F4$)	1—渠道膜后水位/运行水位
		排水堵塞程度($D1$)	1—纵向排水管(体)堵塞长度/未堵塞排水管(体)长度
		反滤料性能($D2$)	横排出水水质,清澈或少量颗粒为1,清澈可见颗粒为0.8,浑浊为0.6,大量泥沙为0.4

（续表）

目标层	准则层	指标因子层	指标说明
渠道运行健康度指数 H	土方工程健康度（S）	土体膨胀性（S1）	无膨胀为 1，弱膨胀为 0.8，中等膨胀为 0.6，强膨胀为 0.4
		冻胀敏感性（S2）	无冻胀为 1，弱冻胀为 0.8，中等冻胀为 0.6，强冻胀为 0.4
		坡面变形（S3）	1—平均变形量/最大变形量
		坡脚形态（S4）	坡脚完好为 1，覆土隆起为 0.8，坡脚滑移为 0.6，坍塌为 0.4
		出溢位置（S5）	1—（运行水位高程－出溢点高程）/运行水深

2. 指标定性与定量赋值说明

寒区渠道运行健康度评价指标建立后，另一重要工作是保证各项指标赋值易获取、易量化。根据上述指标描述，可分为定性指标与定量指标两类。为便于分析计算，对量化指标赋值采用无量纲标准化处理方式进行赋值，取值范围为 [0,1] 区间。定性指标同样以 [0,1] 区间的数值进行描述。具体赋值方法如下。

① 衬砌完整性由破坏衬砌面积/完整衬砌面积表征。操作时，对于预制板衬砌渠道，取一榀断面（50 m），可直接在巡检过程中目测预制板块错位、断裂和脱落数量与总数量比值确定。对于现浇整体性渠道，破坏面积按裂缝长度×10 cm 计算。

② 土工膜完整性由破损土工膜面积/完整土工膜面积确认。对于衬砌完整渠段，认为土工膜无损坏。对于衬砌有隆起、错动、滑塌渠段，衬砌修复时对下方土工膜进行外观检测和充气检测并计算。对于改扩建渠道工程中造成土工膜扰动、拼接的情况，土工膜不可避免地发生破损，破损面积按扰动、拼接面积的 30%～60% 进行估算。

③ 垫层完整性由劣化换填层面积/完整换填层面积确认。垫层为致密砂土层，以压实度变化值来直接计算劣化程度，结合脱落、裂缝等两类常见表观破坏共同表征垫层劣化。研究表明，寒区输水渠道垫层土体经历 5 次湿干冻融循环后干密度减小 90%，裂隙开展深度 50 mm，且趋于稳定。考虑到垫层为隐蔽工程，因此仅对衬砌破坏位置垫层进行压实度和外观检测：压实度减小超过 90%、裂隙开展深度大于 50 mm 的垫层被认为发生异常劣化，功能显著丧失；反之，则是正常湿干冻融劣化，可维持原有功能，不计算劣化面积。

④ 膜后水位由渠道膜后水位与运行水位比值确定。膜后水位可由衬砌后设置水位观测管直接读取。

⑤ 排水堵塞程度由纵向排水管（体）堵塞长度/未堵塞排水管（体）长度确定。在实际操作时，需要通过排水体下游出水口流量变化进行排水管（体）堵塞的判断，当运行水位不变，以出水量与最大出水量比值间接代替堵塞长度比。

⑥ 反滤料性能为定性指标，由横排出水水质判定，并赋予量化值。清澈或少量颗粒为

1,清澈可见颗粒为 0.8,浑浊为 0.6,大量泥沙为 0.4,由巡检人员根据经验判断,并结合后续模糊云模型进行细化赋值。

⑦ 土体膨胀性、冻胀敏感性,参照《水利水电工程地质勘察规范》(GB 50487—2008)中对膨胀性和冻胀敏感性土的划分标准。以无膨胀/非冻胀赋值为 1,弱膨胀/弱冻胀赋值为 0.8,中等膨胀/中等冻胀赋值为 0.6,强膨胀/强冻胀赋值为 0.4,中间取值参照后续模糊云模型进行细化。

⑧ 坡面变形由平均变形量/最大变形量得到。实际操作中,可由水准仪等直接读数,无须需设置监测断面。

⑨ 坡脚形态反映基础承载力情况,对稳定性影响显著。坡脚完好为 1,覆土隆起为 0.8,坡脚滑移为 0.6,坍塌为 0.4,中间取值参照后续模糊云模型进行细化。

⑩ 出溢位置指标通过坡后渗漏溢出点高度与运行水位高程、运行水深进行无量纲标准化定义,其定义公式为:(运行水位高程-出溢点高程)/运行水深。

3. 健康度多级模糊评价云模型及数字特征

在综合评价模型中,系统的随机性和离散性主要体现在主观意见参与环节。对于不确定性之间的简单集结代数运算,不具备说服力。另外,对于定性评价因子的隶属度问题,采用主观取值或经验公式给出隶属度,这种方法又增加了模型的不确定性。相较而言,云模型在传统概率论和模糊数学基础上,通过期望值(Ex)、熵(En)和超熵(He)3 个数字特征,将模糊性、随机性和离散型有机结合起来,并实现了不确定语言和定量数值之间的自然转换。利用云模型改进多级模糊综合评价模型,可以考虑渠道运行健康度评价系统中的模糊性,同时,也较好地处理系统中的随机性和离散型,从而在不确定条件下,对渠道运行健康度进行综合评价。

在上述评价体系的基础上,采用综合考虑指标体系模糊性、随机性和离散型的云模型建立渠道运行健康度评价模型。设 H 是渠道运行健康度评价各指标因子构成的集合,则有 $H = \{F(防渗体系健康度), D(排水体系健康度), S(土方工程健康度)\}$,其中 $F = \{F_1, F_2, F_3, F_4\}$,$D = \{D_1, D_2\}$,$S = \{S_1, S_2, S_3, S_4, S_5\}$。设 K 是可行性等级构成的集合,则有:$K = \{K_1(健康), K_2(预警), K_3(临界), K_4(破坏)\}$。利用云模型改进的多级模糊综合评价方法来构建渠道运行健康度的综合评价模型,其关键在于评语集云模型、云模型标度以及隶属度函数云模型等 3 个方面,而每一个云模型都用其相应的期望值(Ex)、熵(En)和超熵(He)3 个数字特征来进行表征。其中,期望值(Ex)反映云滴的重心位置,分别表示可行性级别、可行性因子权重和隶属度的中心值;熵(En)描述云滴的模糊性和随机性,分别反映可行性级别、可行性因子权重和隶属度的可能取值范围;超熵(He)是熵的熵,用于描述云的厚度,主要反映云滴的离散程度,分别表示可行性级别、可行性因子权重和隶属度偏离中心值的程度。多级模糊评价云模型的具体实现流程如图 2.3-1 所示。

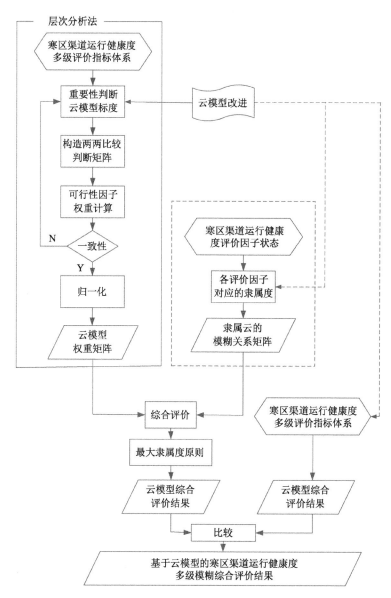

图 2.3-1 寒区渠道运行健康度多级模糊评价云模型流程

云模型通过正向云和逆向云发生器两个算法实现,其中正向云发生器用于生成满足 3 个数字特征的一定数量云滴,逆向云发生器则用于从给定云滴样本中求得 3 个数字特征。正向云发生器算法如下:

① 生成以 En 为期望值、以 He 为标准差的正态分布随机数 $E'n$;

② 生成以 Ex 为期望值、以 $E'n$ 为标准差的正态分布数值 x,作为一个云滴;

③ 计算云滴 x 隶属于一个定性概念的确定度 $y = e^{\frac{-(x-Ex)^2}{2(E'n)^2}}$;

④ 通过 (x, y) 反映定性与定量之间转化的关系;

⑤ 重复(1)～(4)的步骤产生 N 个云滴。

逆向云发生器算法如下：

① 通过数据样本 x_i 计算样本均值，$\bar{x}=\dfrac{1}{n}\sum\limits_{i=1}^{n}x_i$，样本一阶中心矩绝对值

$C=\dfrac{1}{n}\sum\limits_{i=1}^{n}|x_i-\bar{x}|$，以及样本方差 $\sigma^2=\dfrac{1}{n-1}\sum\limits_{i=1}^{n}(x_i-x)^2$；

② 计算期望值 $Ex=\bar{x}$；

③ 计算熵 $En=\left(\dfrac{\pi}{2}\right)^{1/2}\times C$；

④ 计算超熵 $He=(\sigma^2-E^2n)^{1/2}$。

4. 健康性评价评语集云模型

健康度评判语句应该简洁，含义明确，方便运维决策。根据实际工程运维管理需求，将外观良好、防渗排水及边坡稳定等体系不存在灾害风险的渠道定义为健康，将外观无损、各体系中有破坏风险的渠道定义为预警，将产生外在损坏且各体系指标接近破坏阈值渠道定义为临界破坏状态，将实质损毁或内部体系出现病害的渠道定义为破坏状态。由此，将渠道健康度归为渠道健康度评语集，由 $K=\{K_1(健康),K_2(预警),K_3(临界),K_4(破坏)\}$ 构成，它们分别采用具有相应期望值（Ex）、熵（En）和超熵（He）3个数字特征的云模型表示。先定义评语集标度的范围后，计算重心作为 Ex，随后通过半区间的1/3作为 En，并定义模糊性为固定值，即 He 为0.02，三个数字特征计算如下式：

$$\begin{cases}Ex_1=1\\En_1=(1-0.9)/3=0.033\\令\ He_1=0.02\end{cases} \tag{2.3-4}$$

$$\begin{cases}Ex_2=(0.75+0.9)/2=0.825\\En_2=(0.825-0.75)/3=0.025\\令\ He_2=0.02\end{cases} \tag{2.3-5}$$

$$\begin{cases}Ex_3=(0.5+0.75)/2=0.625\\En_3=(0.625-0.5)/3=0.042\\令\ He_3=0.02\end{cases} \tag{2.3-6}$$

$$\begin{cases}Ex_4=0\\En_4=(0.5-0)/3=0.167\\令\ He_4=0.02\end{cases} \tag{2.3-7}$$

由此可得目标层评语集模型，如表 2.3-8 所示，其形成的云滴隶属度图形如图 2.3-2

所示,每个语义所形成的云滴呈现正态分布,云滴集聚稠密程度反映语义评价的随机性,云滴所占横坐标区间反映评价的离散性,云滴曲线宽度则反映了评价过程中的模糊性。

表 2.3-8 寒区渠道运行健康度评价目标层评语集模型

评价等级	归一化	云模型特征参数		
		Ex	En	He
健康	0.9~1.0	0.950	0.033	0.02
预警	0.75~0.9	0.775	0.042	0.02
临界	0.5~0.75	0.525	0.042	0.02
破坏	0~0.5	0.200	0.067	0.02

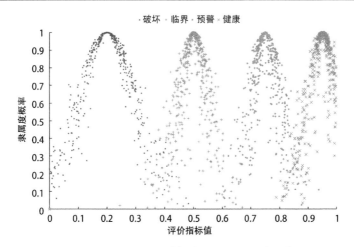

图 2.3-2 北疆供水渠道健康度评语集云滴分布图

5. 健康度指标权重

采用专家打分法确定指标权重,易受到专家个人经验、对指标重要度理解的准确度和偏好的影响,对采用云模型的三个数字特征来构建重要度对比矩阵。判断重要性标准如表 2.3-9 所示。其中,绝对重要和不重要的对比判断具有较强的分辨性,因此模糊程度和离散程度低,相应的熵值与超熵小。同理,强烈重要和不重要的熵值与超熵较小,而其他对比性判断的熵值与超熵相对较大,不同的赋值在表 2.3-9 中可以得到体现。

表 2.3-9 评价因子间重要性对比判断及其云模型数字特征赋值评价因子重要性定义

评价因子对比	重要性	标度值云模型(Ex、En、He)
	绝对的	$C4(9, 0.33/3, 0.05/3)$
	强烈的	$C3(7, 0.33/2, 0.05/2)$
Bi 比 Bj 重要	明显的	$C2(5, 0.33, 0.05)$
	稍微的	$C1(3, 0.33, 0.05)$

评价因子对比	重要性	标度值云模型（Ex、En、He）
Bi 与 Bj 同等重要	—	$C0(1,0.33,0.05)$
Bi 不如 Bj 重要	稍微的	$C5(1/3,0.33,0.05)$
	明显的	$C6(1/5,0.33,0.05)$
	强烈的	$C7(1/7,0.33/2,0.05/2)$
	绝对的	$C8(1/9,0.33/3,0.05/3)$

根据表 2.3-9 所列标准及专家打分结果建立指标间两两对比判断矩阵，再由判断矩阵计算各因素的权重。常用的方法有方根法、特征值法、和积法及最小平方权法等，本书采用方根法计算评价指标权重，得出权重云期望值（Ex）、熵（En）和超熵（He），如下式：

$$Ex_i = \frac{\left(\prod_{j=1}^{11} Ex_{ij}\right)^{1/11}}{\sum_{i=1}^{11}\left(\prod_{j=1}^{11} Ex_{ij}\right)^{1/11}}$$

$$En_i = \frac{\left(\prod_{j=1}^{11} Ex_{ij}\sqrt{\sum_{j=1}^{11}\left(\frac{En_{ij}}{Ex_{ij}}\right)^2}\right)^{1/11}}{\sum_{i=1}^{11}\left(\prod_{j=1}^{11} Ex_{ij}\sqrt{\sum_{j=1}^{11}\left(\frac{En_{ij}}{Ex_{ij}}\right)^2}\right)^{1/11}} \qquad (2.3\text{-}8)$$

$$He_i = \frac{\left(\prod_{j=1}^{11} Ex_{ij}\sqrt{\sum_{j=1}^{11}\left(\frac{He_{ij}}{Ex_{ij}}\right)^2}\right)^{1/11}}{\sum_{i=1}^{11}\left(\prod_{j=1}^{11} Ex_{ij}\sqrt{\sum_{j=1}^{11}\left(\frac{He_{ij}}{Ex_{ij}}\right)^2}\right)^{1/11}}$$

选取多名专家按照层次分析法规则，分别对第一层次指标间重要度以及同属第一层次指标的第二层次指标间重要度进行打分，每名专家打分结果具有模糊性和随机性，所得对比矩阵计算权重也具有模糊性和随机性，为此需要采用式（2.3-8）对各专家所得权重进行统计，得到各指标评价因子权重云结果 $W_i(Ex_i,En_i,He_i)$，相应的数值如表 2.3-10 所示。

表 2.3-10　各指标评价因子权重云模型特征参数表

评价因子	F1	F2	F3	F4	D1	D2	S1
Ex	0.046 8	0.395 6	0.162 0	0.395 6	0.249 1	0.750 9	0.108 5
En	0.015 6	0.077 9	0.038 4	0.077 9	0.083 0	0.167 2	0.046 4
He	0.005 0	0.009 1	0.001 3	0.001 8	0.006 5	0.008 3	0.003 4
评价因子	S2	S3	S4	S5	F	D	S
Ex	0.108 5	0.034 6	0.247 7	0.500 7	0.080 1	0.188 3	0.731 6
En	0.024 6	0.011 5	0.046 4	0.084 3	0.026 7	0.036 0	0.181 1
He	0.006 5	0.001 4	0.001 7	0.001 1	0.001 0	0.001 2	0.009 1

与传统层次分析法的权重计算相比,采用云模型标度的判断矩阵计算各评价因子的权重,通过统计获得权重期望值的同时,考虑了打分过程中重要度的模糊性(熵)和离散性(超熵),令权重结果趋向客观全面。

6. 健康度评价因子隶属度计算

所建立的评价因子中,土工膜完整性、垫层完整性、排水堵塞长度(出水量)、反滤料性能、土体膨胀性、冻胀敏感性和坡脚形态等 7 项指标赋值过程依靠现场观察判断,同样具有模糊性和随机性所带来的结果不确定,并且最终依据评价得分进行健康隶属度判断时,同样存在上述问题。为此,根据正向云统计方式,同一评价渠道段选取多点进行诊断和指标评价,得到指标赋值的期望值、熵和超熵,计算综合得分。最后,根据逆向云发生器原理,可以分别建立渠道运行健康度评价因子的隶属函数。综上,对于线性的渠道工程,沿水流方向分渠段多点巡检后,利用基于统计原理建立的模糊云评价模型,形成段落健康度评分。根据评分结果采用逆向云发生器算法计算云模型的期望值(Ex)、熵(En)和超熵(He)3 个数字特征。

确定了云模型的 3 个数字特征以后,与标准隶属云进行比较,由此确定渠道评价段落的健康度评价结果。对于一个断面的打分,只要已知其具备的 11 个评价因子状态数据,就可以从隶属度函数库中,提取出 11 个对应的云隶属函数。传统的隶属函数往往是一条确定的曲线,这使得隶属度的确定最终变成了一个定性向定量转换的过程。利用云模型建立隶属度函数,可以将评价因子的模糊性和随机性两者融合起来,形成定性和定量之间一对多的映射。利用云的期望值、熵和超熵这 3 个数字特征值来表示隶属度的数学特征,充分考虑了评价因素对可行性等级的隶属度关系间的随机性和离散性,其中,期望值表示可行性预期值,熵表示隶属度相对于预期值的离散程度,超熵表示隶属度的真实情况偏离预期的程度。

7. 应用实例

北疆供水工程位于新疆北部,其中总干渠全长 133 km,工程整体位于高纬度寒区,最大冻土深度为 150 cm,冬季不存水。总干渠区域内渠道土质以白砂岩和膨胀性泥岩为主。渠道全线设计底宽 6 m,左右边坡 1∶2.5,渠道以上开挖边坡 1∶1.75。根据地质勘探报告,沿线渠段地下水埋深均大于 200 m,但渠基在运行期内渠底渗漏严重。渠道沿线设有排水管＋竖井集水抽排设施,但经过运行,一些断面存在排水管淤堵、排水效率不高等问题。选取该工程典型高填方平原渠段(1＋800)～(2＋800)共 1 km 长度取点进行健康诊断,按等距离选取 10 个诊断位置,分别对本书所提的 11 个健康度指标进行检测并赋值,计算得到综合评分,并采用逆向云发生器计算模型得到健康度评价云模型参数,结果如表 2.3 11 所示。

表 2.3-11　北疆供水工程渠道健康度评价结果

桩号	1+900	2+000	2+100	2+200	2+300	2+400	2+500	2+600	2+700	2+800
健康评分	0.785	0.804	0.821	0.771	0.735	0.757	0.740	0.906	0.962	0.809
Ex	0.797	En	0.081	He	0.042					

　　根据所得云模型参数,采用正向云发生器,生成满足上述统计特征的云滴分布图,如图 2.3-3 所示。由图 2.3-3 云滴分布形态对北疆供水工程的渠道检测段落的健康度进行诊断,云滴分布重心位于预警与健康之间偏向于预警,部分云滴落于健康区域,而少部分云滴位于临界区域,该段渠道为健康偏预警,同时存在一定临界破坏的风险。由于指标赋值过程中对坡脚形态、反滤料性能、出溢位置 3 个感官指标判定存在模糊性,同时土体膨胀性、冻胀敏感性的资料定义属于描述型,也具有较大模糊性,这些特征通过云滴分布离散宽度体现。

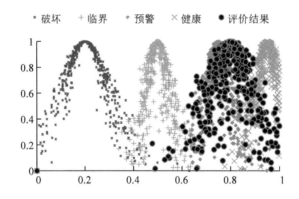

图 2.3-3　北疆供水工程渠道健康度评价结果云滴分布图

8. 小结

　　通过灾害链定量化分析数值模型,可以建立寒区输水渠道渗漏与冻融过程灾害的演化分析有限元模型。应用有限元的前期分析,实现了寒区输水渠道运行期各个工况下渠道服役性能的预测模拟。本章在分析过程中,根据土体变形和结构受力结果,结合衬砌破坏失效、土工膜拉裂破坏、渠基土塑性屈服与滑坡阈值,实现了对渗漏、冻融导致的渠道灾害发生的全过程预测。

　　首先,根据灾害链发展演变中各链条间致灾因子相互联系和转化规律,建立了寒区渠道运行健康度综合评价指标体系,采用随机离散模糊评价的云模型实现了寒区渠道运行健康度多级模糊评价模型。依据此模型,可为工程巡检结果进行量化诊断,评价当前防渗、排水和土体外观表现下渠道运行健康度,为工程加固和灾害预防提供科学依据。

　　其次,基于寒区供水工程灾害链式演化规律,兼顾标准化、易巡检要求和考虑实际工程运维决策需求,将健康度评判语句划分为健康、预警、临界与破坏 4 类。针对健康评价中存在的由主观因素导致的指标赋值与权重判断的模糊性、随机性和离散性特点,采用了模糊云模型对评价模型进行了改进。

最后,结合北疆供水渠道健康诊断应用实例,对所提出的云模型健康度评价模型进行验证,评价过程将定量评分与定性评判相结合,通过正向云发生器对随机、离散评价结果进行定量统计,通过逆向云发生器将量化结果转化为云滴图像,形象反映了渠道特定段落健康度的定性判断和模糊程度。

参考文献

［1］肖盛燮,等.灾变链式理论及应用[M].北京:科学出版社,2006.

［2］郭增建,秦保燕.灾害物理学简论[J].灾害学,1987,2(2):25-33.

［3］郭增建,秦保燕,郭安宁.地气耦合与天灾预测[M].北京:地震出版社.1996.

［4］郭增建,周可兴,郭安宁.从灾害链的角度讨论1966年邢台大震的预测[C]//高建国.苏门答腊地震海啸影响中国华南天气的初步研究:中国首届灾害链学术研讨会论文集.北京:气象出版社,2007.

［5］马宗晋,康平.面对大自然的报复:防灾与减灾[M].北京:清华大学出版社,2000.

［6］MENONI S. Chains of damages and failures in a metropolitan environment:Some observations on[J]. Journal of Hazardous Materials, 2001, 86(1/3): 101-119.

［7］TURNER A K, SCHUSTER R L. Landslides: Investigations and mitigation[M]// Transportation Research Board Special Report: 247. Washington: National Academy Press, 1996.

［8］REID M E, LAHUSEN R G. Real time monitoring of active landslides along highway 50[J]. California Geology, 1998, 51(3): 17-20.

［9］LAHUSEN R G. Detecting debris flows using ground vibrations[R/OL]. (1998)[2024-10-22]. http://pubs. usgs. gov/publication/fs23696.

［10］KEEFER D K, WILSON R C, MARK R K, et al. Real-time landslide warning during heavy rainfall [J]. Science, 1987, 238: 921-925.

［11］BITELLI G, BONSIGNORE F, UNGUENDOLIL M. Leveling and GPS networks to monitor ground subsidence in the Southern Po Valley [J]. Journal of Geodynamics, 2000, 30: 355-369.

［12］韩金良,吴树仁,汪华斌.地质灾害链[J].地学前缘,2007,14(6):12-15.

［13］肖盛燮.生态环境灾变链式理论原创结构梗概[J].岩石力学与工程学报,2006,25(S1):2594-2602.

［14］王雪冰.南水北调中线工程引水渠保定段地质灾害危险性评价研究[D].北京:中国地质科学院,2019.

［15］吴梦娟,靳春玲,贡力.基于灰色Euclid理论的西部地区引水明渠安全评价[J].人民黄河,2018,40(10):139-143.

［16］靳春玲,贡力.基于PSR模型的西部干寒地区引水明渠安全评价研究[J].城市道桥与防洪,2015(10):168-170.

[17] 王羿,王正中,刘铨鸿,等.寒区输水渠道衬砌与冻土相互作用的冻胀破坏试验研究[J].岩土工程学报,2018,40(10):1799-1808.

[18] 高科,盛英全,王定鹏,等.寒区渠道冻深定量预测分析及工程实践[J].西北水电,2023(1):47-54.

[19] 方建银,潘优,党发宁,等.季节性寒区高地下水位渠道衬砌形式试验研究[J].西安理工大学学报,2021,37(3):433-440.

[20] 江超,王丽俊.小型水库大坝安全鉴定典型问题与工作建议[J].中国农村水利水电,2021(12):171-173,180.

[21] DAUD N M, HASSAN S H, AKBARN A, et al. Dam failure risk factor analysis using AHP method [C]// IOP Conference Series: Earth and Environmental Science 646. Bristol: IOP Publishing Ltd,2021.

[22] 岳强,刘福胜,刘仲秋.基于模糊层次分析法的平原水库健康综合评价[J].水利水运工程学报,2016(2):62-68.

[23] 罗彦斌.寒区隧道冻害等级划分及防治技术研究[D].北京:北京交通大学,2010.

[24] 王雪冰.南水北调中线工程引水渠保定段地质灾害危险性评价研究[D].北京:中国地质科学院,2019.

[25] 吴梦娟.严寒及寒冷地区长距离输水明渠冬季运行安全评价[D].兰州:兰州交通大学,2019.

[26] 王志旺,陈纯静.基于AHP-模糊综合评判法的引调水工程自然灾害应急管理能力评价[C]//中国水利学会.2022中国水利学会大会论文集:第三分册.郑州:黄河水利出版社,2022.

[27] 邓铭江.中国西北"水三线"空间格局与水资源配置方略[J].地理学报,2018,73(7):1189-1203.

[28] 中华人民共和国住房和城乡建设部.民用建筑热工设计规范:GB 50176—2016[S].北京:中国建筑工业出版社,2017.

[29] 葛树东.季节冻土区渠道防渗结构型式的研究[D].南京:河海大学,2005.

[30] 中华人民共和国住房和城乡建设部.建筑地基基础设计规范:GB 50007—2011[S].北京:中国建筑工业出版社,2011.

[31] 中华人民共和国住房和城乡建设部.冻土地区建筑地基基础设计规范:JGJ 118—2017[S].北京:中国建筑工业出版社,2012.

[32] KONRAD J M. Freezing-induced water migration in compacted base-course materials[J]. Canadian Geotechnical Journal, 2008, 45(7): 895-909.

[33] KONRAD J M. LEMIEUX N. Influence of fines on frost heave characteristics of a well-graded base-course material [J]. Canadian Geotechnical Journal, 2005, 42(2): 515-527.

[34] 赵洪勇,闫宏业,张千里,等.季节性冻土区路基基床粗颗粒土填料冻胀特性研究[J].铁道建筑,2014,44(7):92-94.

[35] 朱洵,蔡正银,黄英豪,等.湿干冻融耦合循环及干密度对膨胀土力学特性影响的试验研究[J].水利学报,2020,51(3):286-294.

[36] 蔡正银,朱洵,黄英豪,等.湿干冻融耦合循环作用下膨胀土裂隙演化规律[J].岩土工程学报,2019,41(8):1381-1389.

[37] 卜建清,王天亮.冻融及细粒含量对粗粒土力学性质影响的试验研究[J].岩土工程学报,2015,37(4):608-614.

[38] 中华人民共和国水利部.渠系工程抗冻胀设计规范:SL 23—2006[S].北京:中国水利水电出版社,2006.

[39] 王天亮,岳祖润.细粒含量对粗粒土冻胀特性影响的试验研究[J].岩土力学,2013,34(2):359-364,388.

[40] 蔡正银,吴志强,黄英豪,等.北疆渠道基土盐-冻胀特性的试验研究[J].水利学报,2016,47(7):900-906.

[41] 杨欢,侯兆领.含盐量及含水率对盐渍土冻胀规律影响试验研究[J].甘肃科技纵横,2022,51(11):60-64.

[42] 王淼,郭妍秀,苏安双,等.考虑含水条件的渠基土冻胀特性试验研究[J].自然灾害学报,2023,32(3):74-84.

[43] 汪恩良,商舒婷,田雨,等.齐齐哈尔地区粉质黏土冻胀特性试验研究[J].水利水运工程学报,2020(4):80-87.

第三章 寒区引调水工程灾害过程数值模拟技术

　　灾害链理论描述了寒区渠道工程破坏的各因素间定性逻辑关系,由此可以将复杂交错的渠道冻融破坏过程分解为单独的链式过程,并且针对链式机理过程建立相应的数学物理控制方程并求解,以定量评价或预测渠道冻融灾害。渠道周围环境包括温度、降雨渗漏、风场及太阳辐射的作用,引起了渠基土内部温度、水分的重分布与变化;而土体温度和水分的变化规律还受到土体颗粒级配、密度、孔隙率和初始含水量制约。在外部荷载下,当土中水分的含量及形态变化,多孔介质土体结构发生变化、变形及塑性破坏,造成土体的冻融损伤和力学性质劣化。土体冻胀-融沉作用于渠道衬砌结构,累积的残余变形引起结构隆起、错动和断裂,而土体的融沉和塑性破坏使结构失去支撑,从而逐渐发生脱落和滑塌。总之,一系列渠道冻融灾害的发生是诸多环境因素与渠道内部因素交互作用、效应累积的结果。为定量描述渠道灾害的演变过程,本章基于冻土水、热、力三场耦合模型,耦合土体渗漏、冻融劣化的塑性本构模型和冻土-衬砌接触模型,建立旱寒区渠道的冻融渗漏灾害链动态分析模型。

3.1 基于流固耦合的渠道渗漏过程数值模拟技术

3.1.1 渠道土体变形本构模型

1. 双屈服面弹塑性模型

　　进行数值分析,首先要选择土体的本构模型,目前应用较多的土体本构模型多为弹性或理想弹塑性模型,而实际工程中渠道土为软土及黏土,采用弹性或理想弹塑性本构模型难以反映土体真实的应力-应变关系,本书根据实际工程中的土体状况,采用南京水利科学研究院沈珠江院士等(1985)提出的双屈服面弹塑性模型,服从广义塑性力学理论。该模型把屈服面看作弹性区域的边界,采用塑性系数的概念代替传统的硬化参数的概念。南京水利科学研究院模型屈服面由椭圆函数和幂函数组成,如下式:

$$f_1 = p^2 + r^2\tau^2 \tag{3.1-1}$$

$$f_2 = \frac{\tau^s}{p} \tag{3.1-2}$$

式中：$p = \frac{1}{3}(\sigma_1 + \sigma_2 + \sigma_3)$；

$\tau = \frac{1}{3}[(\sigma_1 - \sigma_2)^2 + (\sigma_2 - \sigma_3)^2 + (\sigma_3 - \sigma_1)^2]^{1/2}$（$\tau$ 为剪应力，可以取不同的形式，这里

以八面体剪应力为例）；

r 为椭圆的长短轴之比；

s 为幂次。

应变增量按下式计算：

$$\{\Delta\varepsilon^p\} = A_1\{n_1\}\left\{\frac{\alpha f_1}{\alpha\sigma}\right\}\{\Delta\sigma\} + A_2\{n_2\}\left\{\frac{\alpha f_2}{\alpha\sigma}\right\}\{\Delta\sigma\} \tag{3.1-3}$$

$$\Delta\varepsilon_{ij} = \Delta\varepsilon_{ij}^e + A_1\Delta f_1\frac{\alpha f_1}{\alpha\sigma_{ij}} + A_2\Delta f_2\frac{\alpha f_2}{\alpha\sigma_{ij}}$$

$$= [\boldsymbol{D}]^{-1}\{\Delta\sigma\} + A_1\Delta f_1\frac{\alpha f_1}{\alpha\sigma_{ij}} + A_2\Delta f_2\frac{\alpha f_2}{\alpha\sigma_{ij}} \tag{3.1-4}$$

式中：A_1、A_2 为相应于屈服面 f_1、f_2 的塑性系数；

$[\boldsymbol{D}]$ 为弹性矩阵。

通过对常规三轴试验可求解，如下式：

$$A_1 = \frac{r^2\left(\dfrac{9}{E_t} - \dfrac{3\mu_t}{E_t} - \dfrac{3}{G_{ur}}\right) + 2s\left(\dfrac{3\mu_t}{E_t} - \dfrac{1}{B_{ur}}\right)}{(s + \eta^2 r^2)(1 + \mu r^2)} \tag{3.1-5}$$

$$A_2 = \frac{\left(\dfrac{9}{E_t} - \dfrac{3\mu_t}{E_t} - \dfrac{3}{G_e}\right) - r^2\eta\left(\dfrac{3\mu_t}{E_t} - \dfrac{1}{B_e}\right)}{(s + \eta^2 r^2)(s - \eta)} \tag{3.1-6}$$

式中：$\eta = \tau/p$；

E_t 为切线杨氏模量；

$\mu_t = \dfrac{\Delta\varepsilon_v}{\Delta\varepsilon_1}$ 为切线体积比，按下式计算：

$$E_t = \left[1 - \frac{R_f(1 - \sin\varphi)(\sigma_1 - \sigma_3)}{2c\cos\varphi + 2\sigma_3\sin\varphi}\right]^2 K_i P_a\left(\frac{\sigma_3}{P_a}\right)^n \tag{3.1-7}$$

$$\mu_t = 2c_d \left(\frac{\sigma_3}{p_a}\right)^{n_d} \frac{E_i R_s}{\sigma_1 - \sigma_3} \frac{1 - R_d}{R_d} \left(1 - \frac{R_s}{1 - R_s} \frac{1 - R_d}{R_d}\right) \tag{3.1-8}$$

式中：c_d、n_d 和 R_d 为代替 G、F、D 的另外三个参数，物理意义为：c_d 为 $\sigma_3 = p_a$ 时的最大收缩体应变，n_d 为收缩体应变随 σ_3 的增加而增加的幂次；

R_d 为发生最大收缩时的 $(\sigma_1 - \sigma_3)_d$ 与极限值 $(\sigma_1 - \sigma_3)_{ult}$ 之比。

应用普朗特-劳埃斯(Prandtl-Reuss)流动法则可以推出应力应变关系，如下式：

$$\Delta p = B_p \Delta \varepsilon_v - P \frac{\Delta e_{hk}}{\sigma_s} \Delta e_{hk} \tag{3.1-9}$$

$$\Delta s_{ij} = 2G \Delta e_{ij} - P \frac{\Delta s_{ij}}{\sigma_s} \Delta \varepsilon_v - Q \frac{s_{ij} s_{hk}}{\sigma_s^2} \Delta e_{hk} \tag{3.1-10}$$

$$\Delta \sigma_{ij} = \Delta p + \Delta s_{ij} \tag{3.1-11}$$

将式(3.1-11)展开后，可得弹塑性矩阵 $[\boldsymbol{D}]_{ep}$。

双屈服面弹塑性模型有 10 个参数，分别为 c、φ_0、$\Delta\varphi$、R_f、K、K_{ur}、n、c_d、R_d、n_d，这 10 个参数全部可以通过三轴试验获得。

2. 渠道变饱和渗流分析模型

采用变饱和度孔隙介质渗流的理查德方程，对土体干湿过程及冻融过程的水分迁移规律进行描述，如下式：

$$\rho \left(\frac{C_m}{\rho g} + SeS\right) \frac{\partial p}{\partial t} + \boldsymbol{\nabla} \cdot \left(-\frac{k_s}{\mu} k_r k_f (\boldsymbol{\nabla} p + \rho g \boldsymbol{\nabla} D)\right) = \rho_i \frac{\partial \theta_i}{\partial t} \tag{3.1-12}$$

$$C_m = \begin{cases} \dfrac{\alpha m}{1 - m}(\theta_a - \theta_r) Se^{\frac{1}{m}} (1 - Se^{\frac{1}{m}}) m & H_p < 0 \\ 0 & H_p \geqslant 0 \end{cases} \tag{3.1-13}$$

$$Se = \frac{\theta - \theta_r}{\theta_a - \theta_r} = \begin{cases} \dfrac{1}{[1 + |\alpha H_p|^n]^m} & H_p < 0 \\ 1 & H_p \geqslant 0 \end{cases} \tag{3.1-14}$$

$$\theta = \begin{cases} \theta_r + Se(\theta_a - \theta_r) & H_p < 0 \\ \theta_a & H_p \geqslant 0 \end{cases} \tag{3.1-15}$$

$$k_r = \begin{cases} Se^m [1 - (1 - Se^{\frac{1}{m}})^m]^2 & H_p < 0 \\ 1 & H_p \geqslant 0 \end{cases} \tag{3.1-16}$$

$$k_f = \begin{cases} C \times T^D & T < 0\ ℃ \\ 1 & T \geqslant 0\ ℃ \end{cases} \tag{3.1-17}$$

式中：ρ 为土体密度，$\mathrm{kg/m^3}$；

　　　p 为孔隙水压力，作为方程的求解变量，Pa；

　　　C_m 为土体滞水系数，$\mathrm{Pa^{-1}}$；

　　　Se 为土体饱和度；

　　　S 为土体储水系数，$\mathrm{Pa^{-1}}$；

　　　k_r 为饱和度相关的相对渗透率，由式（3.1-16）确定；

　　　k_f 为负温下渗透率折减系数（$\leqslant 1$），是土体温度及含冰量的函数，而含冰量是温度的函数，因此最终还是温度的函数，可由式（3.1-17）给出；

　　　k_s 为饱和渗透率，$\mathrm{m^2}$；

　　　μ 为水的动力黏滞系数，Pa・s；

　　　$\rho_i \dfrac{\partial \theta_i}{\partial t}$ 为渗流源项，此处为结冰量或融冰量，$\mathrm{kg/(m^3 \cdot s)}$；

　　　θ_i 为含冰量；

　　　ρ_i 为冰密度，$\mathrm{kg/m^3}$；

　　　t 为时间，s；

　　　H_p 为压力水头，m；

　　　θ 为含水量；

　　　T 为温度，℃。

　　　θ_a 和 θ_r 分别为土体饱和含水量和残余含水量，m；

　　　α、m 和 n 是 VG 模型参数，其中 $m = 1 - 1/n$；

　　　C 和 D 分别是试验常数。

　　式（3.1-12）左边用以描述非冻土区域变饱和土体的水分迁移规律，而通过引入式（3.1-12）右边结冰速率项，实现对正冻土冻结缘区域孔隙水结冰或孔隙冰消融带来源项改变的描述。

3.1.2　考虑超孔压消散影响的渠道渗漏-变形耦合模型

　　为分析后方吹填淤泥真空预压固结过程中孔压消散与土体变形过程，采用三维比奥方程进行土体流固耦合计算。对土体骨架建立平衡微分方程为：

$$[\partial]^{\mathrm{T}} = \{f\}$$

其中：
$$\{\sigma\} = \begin{bmatrix} \sigma_x \\ \sigma_y \\ \sigma_z \\ \tau_{yz} \\ \tau_{zx} \\ \tau_{xy} \end{bmatrix} \quad \{f\} = \begin{bmatrix} 0 \\ 0 \\ -\gamma \end{bmatrix} \tag{3.1-18}$$

根据有效应力原理,总应力为有效应力与孔隙压力 p 之和,且孔隙水压力不承受剪应力,用矩阵表示为:

$$\{\sigma\} = \{\sigma'\} + \{M\}p$$
$$\{M\} = \begin{bmatrix} 1 & 1 & 1 & 0 & 0 & 0 \end{bmatrix}^{\mathrm{T}} \tag{3.1-19}$$

平衡微分方程(3.1-18)可写为:

$$[\partial]^{\mathrm{T}}\{\sigma'\} + [\partial]^{\mathrm{T}}\{M\}p = \{f\} \tag{3.1-20}$$

本构方程采用上述双屈服面弹塑性模型的弹塑性矩阵,其中应力项取有效应力,即:

$$\{\sigma'\} = [D_{\mathrm{ep}}]\{\varepsilon\} \tag{3.1-21}$$

流固耦合实现超静孔压消散过程,还需要建立土体变形与孔压变化相关的连续性方程,即:

$$\frac{\partial \varepsilon_{\mathrm{v}}}{\partial t} = -\frac{K}{\gamma_{\mathrm{w}}} \boldsymbol{\nabla}^2 p \tag{3.1-22}$$

采用几何方程将体积应变和应力表示为位移形式,即:

$$\{\varepsilon\} = -[\partial]\{w\}$$
$$\varepsilon_{\mathrm{v}} = -\{M\}^{\mathrm{T}}[\partial]\{w\} \tag{3.1-23}$$

联立以上方程,并对时间取差分格式,构成土体流固耦合的固结微分方程组,即:

$$\begin{cases} -[\partial]^{\mathrm{T}}[D][\partial]\{w\} + [\partial]^{\mathrm{T}}\{M\}p = \{f\} \\ \dfrac{\partial}{\partial t}\{M\}^{\mathrm{T}}[\partial]\{w\} - \dfrac{K}{\gamma_{\mathrm{w}}} \boldsymbol{\nabla}^2 p = 0 \end{cases} \tag{3.1-24}$$

方程中包含 4 个偏微分方程,也包含 4 个未知变量 w_x、w_y、w_z 和 p,且为坐标 x、y、z 和 t 的函数。平衡方程第一项表示土颗粒发生位移的有效应力,第二项为当前孔压所对应的力,并且与外荷载平衡。连续性方程第一项表示单位时间内位移改变所对应的体积变形,第二项表示孔压变化引起的渗出水量。力平衡项中有孔压贡献,水量平衡中有变形贡献,相互耦合。

3.1.3 考虑基质吸力的粉土渠道渗漏软化变形模型

对于膨胀泥岩类、粉土类及软土构筑的渠道而言,渗漏所产生的孔隙水变化和基质吸力是导致渠基土变形的重要因素。与水、热、力三场耦合冻胀融沉模型不同,考虑以上土体变形过程中,不可忽略基质吸力对变形的附加作用,因此需要在原有渗流-变形耦合的模型中,对变形本构方程和塑性屈服准则进行必要的修正,以体现基质吸力和孔压对变形和强度的影响。

考虑基质吸力的土体应力可表示为 $\boldsymbol{\sigma}' = \boldsymbol{\sigma} - u_a \boldsymbol{I}$，其中基质吸力 $s = u_a - u_w$ 在非饱和状态下为正值，在饱和状态下则忽略空气压力 u_a，仅有空隙水压力 u_w。根据巴塞罗那基本模型（Barcelona Basic Model），将吸力直接引入土体压缩系数表达式中可得：

$$\lambda(s) = \lambda_0 \left[(1-w) e^{(-s/m)} + w \right] \tag{3.1-25}$$

式中：λ_0 为饱和状态下土体压缩系数；

$\lambda(s)$ 为基质吸力影响下的压缩系数；

s 为基质吸力，Pa；

w 为权重系数；

m 表征土体硬度的参数，由试验获得。

为体现土体变形对基质势的影响，采用拟合得到的基质吸力与弹性体积应变及负孔压的线性关系，如下式：

$$s = s_0 + K_c \left(\varepsilon_v - \frac{p}{K} \right) \tag{3.1-26}$$

式中：K 为压缩模量，Pa；

K_c 为吸力作用下压缩模量，Pa；

s_0 为初始吸力，Pa；

p 为孔隙水压力，Pa；

ε_v 为土体体积应变且拉应变为正。

土体体积弹性应力应变由两部分组成，分别由平均应力和吸力产生，采用增量方式表示为：

$$\dot{\varepsilon}_v = \frac{\dot{p}}{K} + \frac{\dot{s}}{K_c}$$
$$K = \frac{(1+e)p}{\kappa}; \quad K_c = \frac{(1+e)}{\kappa_s} \tag{3.1-27}$$

式中：κ_s 表示吸力作用下的重压缩指数，与常规土体重压缩指数意义相似。

同理偏应力应变关系可表示为：

$$\dot{\tau} = 2G \left(\dot{\varepsilon} - \frac{1}{3} \dot{\varepsilon}_v I \right) \tag{3.1-28}$$

在剑桥模型屈服函数的基础上，通过将屈服面函数中横坐标向负象限移动，来考虑基质吸力对土体强度具有的附加影响，此时基质吸力产生拉应力效果，拉应力表示为 $p_s = ks$，其中 k 为拉应力与吸力的比值。剑桥模型屈服函数中，固结应力项相应需要修正为以下形式：

$$p_{cs} = p_{ref}\left(\frac{p_c}{p_{ref}}\right)^{\left(\frac{\lambda_0 - \kappa}{\lambda(s) - \kappa}\right)}$$

(3.1-29)

屈服函数修正如下：

$$F_y = q^2 + M^2(\theta)(p - p_{cs})(p + p_s) + p_{ref}^2\left(e^{\frac{b(s - s_y)}{p_{ref}}} - e^{\frac{-bs_y}{p_{ref}}}\right)$$

$$M(\theta) = M\left[\frac{2\omega}{1 + \omega - (1 - \omega)\sin 3\theta}\right]^{\frac{1}{4}}$$

$$M = \frac{6\sin\phi}{3 - \sin\phi}; \quad \omega = \left(\frac{3 - \sin\phi}{3 + \sin\phi}\right)^4$$

(3.1-30)

式中：θ 为应力罗德角，°；

ϕ 为内摩擦角，°；

p_{cs} 为固结压力，Pa；

p_s 为土体吸力产生的静压力，Pa；

p_{ref} 为参考压力，Pa。

在三维坐标中，屈服函数破坏包络线类似于摩尔-库仑的无边缘变形圆锥，屈服面则是变形椭圆，如图 3.1-1 所示。通过以 $M(\theta)$ 代替 M 的方式，表示土体受拉区域强度小于受压区域，在 p、q、s 坐标轴空间上屈服面如图 3.1-2 所示。

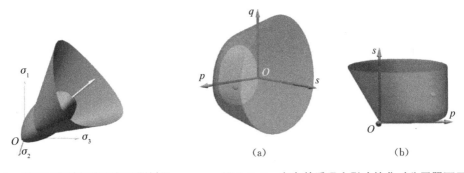

图 3.1-1　屈服函数破坏锥面与屈服椭圆　　　图 3.1-2　考虑基质吸力影响的非对称屈服面函数

3.2　水热力耦合渠道冬季抗冻胀数值模拟技术

3.2.1　温度-水分链式耦合模型

渠道渗漏灾害的发生是水分变饱和运移的单独过程，而冻融灾害是水分变饱和运移与温度相互耦合的作用结果,温度的降低引起水分冻结,冰层表面未冻水的势能降低,引起未冻土层自由水向冰层暖端迁移并冻结,最终冰层持续累积引起土体撑开产生变形。在温度梯度 0 ℃等温线附近将会产生持续的冻胀变形。而温度上升后,冰层融化后的水分无法迅速消散,导致土体局部含水量剧增而强度降低;同时,冰层撑开的土体产生大量裂缝造成土体的损伤,在水分消散后,土体强度与之前固结土相比显著下降。以上土体的变形和力学强度的降低,都是由于水分在温度的作用下的相变、迁移所引起的,因此,温度-水分链式发展既是渠道渗漏灾害也是冻融灾害链的本质部分,对于渗漏灾害而言,为简化分析,认为温度为恒定不变的常温水分运移。

1. 土体冻融的温度传导模型

土体作为多相多孔介质,其中包含土颗粒及填充于孔隙中的水与空气等三相材料,在负温下孔隙水相变为孔隙冰或分凝冰,土体成为四相材料。热传导过程中因水、冰、空气相的体积分数变化,导致土体热参数变化;同时土体孔隙水与冰之间相变潜热的加入,导致土体热传导过程呈现显著的非线性特征。描述土体冻融过程的温度传导模型由基本的热量守恒方程推导,如下式:

$$\rho C_{\mathrm{p}} \frac{\partial T}{\partial t} = \frac{\partial}{\partial x}\left(-\lambda_{\mathrm{eq}} \frac{\partial T}{\partial x}\right) + \frac{\partial}{\partial y}\left(-\lambda_{\mathrm{eq}} \frac{\partial T}{\partial y}\right) + L_{\mathrm{f}} \rho_{\mathrm{i}} \frac{\mathrm{d}\theta_{\mathrm{i}}}{\mathrm{d}t} \tag{3.2-1}$$

式中：ρ、ρ_{i} 分别为土体与冰密度,$\mathrm{kg/m^3}$;

C_{p} 为土体等效定压热容,$\mathrm{J/(kg \cdot K)}$;

λ_{eq} 为土体等效导热系数,$\mathrm{W/(m^2 \cdot K)}$;

L_{f} 为水冰相变潜热,取常量 333 $\mathrm{kJ/kg}$;

T 为土体温度,℃;

θ_{i} 为孔隙水结冰量,$T > 0$ ℃ 时为 0;

t 为时间,s。

考虑冻土与融土中土颗粒、空气相、水相与冰相所占体积及原位水冰相变对土体热参数的影响,上式中等效定压热容与导热系数可以用以下方程表示:

$$\lambda_{\mathrm{eq}} = \theta_{\mathrm{s}}\lambda_{\mathrm{s}} + (1-\theta_{\mathrm{s}}-\theta_{\mathrm{w}}-\theta_{\mathrm{i}})\lambda_{\mathrm{a}} + \theta_{\mathrm{i}}\lambda_{\mathrm{i}} + \theta_{\mathrm{w}}\lambda_{\mathrm{w}} \tag{3.2-2}$$

$$C_{\mathrm{p}} = \frac{1}{\rho}\left[\theta_{\mathrm{s}}C_{\mathrm{p,s}} + (1-\theta_{\mathrm{s}}-\theta_{\mathrm{w}}-\theta_{\mathrm{i}})C_{\mathrm{p,a}} + \theta_{\mathrm{i}}C_{\mathrm{p,i}} + \theta_{\mathrm{w}}C_{\mathrm{p,w}}\right] \tag{3.2-3}$$

式中：λ_{s}、λ_{a}、λ_{i}、λ_{w} 分别为土颗粒、空气相、冰相和水相的导热系数,$\mathrm{W/(m^2 \cdot K)}$;

$C_{\mathrm{p,s}}$、$C_{\mathrm{p,a}}$、$C_{\mathrm{p,i}}$、$C_{\mathrm{p,w}}$ 分别为土、空气、冰、水常压热容,$\mathrm{J/(kg \cdot K)}$;

θ_{s}、θ_{w}、θ_{i} 为单位体积代表元内土颗粒、空气、初始含水量、原位冰体积分数,$\mathrm{m^3/m^3}$。

以上热传导方程含有 T、θ_{w}、θ_{i} 三个未知变量,其中孔隙水与孔隙冰的体积分数分别需要土体水分迁移方程与水热耦合联系方程求解。

2. 土体冻融过程水分迁移模型

土体渗流过程是孔隙自由水在势能梯度作用下运移的过程,常温下土体孔隙自由水主要受土水势和重力势主导。在负温下自由水相变为冰后,冰水界面上自由水势能降低引起冻结锋面下方土体内水分迁移。

采用变饱和度孔隙介质渗流的理查德方程,对土体干湿过程及冻融过程的水分迁移规律进行描述,如下式:

$$\rho\left(\frac{C_m}{\rho g}+SeS\right)\frac{\partial p}{\partial t}+\nabla\cdot\left(-\frac{k_s}{\mu}k_r k_f(\nabla p+\rho g\,\nabla D)\right)=\rho_i\frac{\partial\theta_i}{\partial t} \tag{3.2-4}$$

$$C_m=\begin{cases}\dfrac{\alpha m}{1-m}(\theta_a-\theta_r)Se^{\frac{1}{m}}(1-Se^{\frac{1}{m}})^m & H_p<0\\[2mm] 0 & H_p\geqslant 0\end{cases} \tag{3.2-5}$$

$$Se=\frac{\theta-\theta_r}{\theta_a-\theta_r}=\begin{cases}\dfrac{1}{[1+|\alpha H_p|^n]^m} & H_p<0\\[2mm] 1 & H_p\geqslant 0\end{cases} \tag{3.2-6}$$

$$\theta=\begin{cases}\theta_r+Se(\theta_a-\theta_r) & H_p<0\\ \theta_a & H_p\geqslant 0\end{cases} \tag{3.2-7}$$

$$k_r=\begin{cases}Se^m[1-(1-Se^{\frac{1}{m}})^m]^2 & H_p<0\\ 1 & H_p\geqslant 0\end{cases} \tag{3.2-8}$$

$$k_f=\begin{cases}C\times T^D & T<0\ ℃\\ 1 & T\geqslant 0\ ℃\end{cases} \tag{3.2-9}$$

式中:ρ 为土体密度,kg/m³;

ρ_i 为冰密度,kg/m³;

p 为孔隙水压力,作为方程的求解变量,Pa;

C_m 为土体滞水系数,Pa⁻¹;

Se 为土体饱和度;

S 为土体储水系数,Pa⁻¹;

k_r 为饱和度相关的相对渗透率,由式(3.2-8)确定;

k_f 为负温下渗透率折减系数(≤1)是土体温度及含冰量的函数,而含冰量是温度的函数,因此最终还是温度的函数,可由式(3.2-9)给出;

k_s 为饱和渗透率,m²;

μ 为水的动力黏滞系数,Pa·s;

θ_a 和 θ_r 分别为土体饱和含水量和残余含水量，m；

α、m 和 n 是 VG 模型参数，其中 $m = 1 - 1/n$；

C 和 D 分别是试验常数。

式(3.2-4)左边用以描述非冻土区域变饱和土体的水分迁移规律，而通过引入右边结冰速率项，实现对正冻土冻结缘区域孔隙水结冰或孔隙冰消融带来源项改变的描述。

3. 土体冻融过程的水热耦合联系方程

土体冻融过程的水热耦合表现为两方面：一方面是土体水热参数如导热系数、比热容、渗透系数等与含水量或土体温度密切相关，这类耦合关系已在前两节的控制方程中体现；另一方面也是重要的一方面，是通过水相变为冰，由冰含量的增加来进行联系，因为冰的增加改变了土体的组成，产生的相变潜热对温度场影响非常显著，同时也是水分迁移的诱发因素。因此本节中联系方程的目的在于描述冻土中冰相的生长与消融速率。

冻土中的冰生长速率有两类：一类是原位孔隙中水分在低温下部分冻结成冰，称为原位结冰速率；另一类是从未冻土区域向正冻土区域的冰层下方迁移来的水冻结成冰，称为迁移冻结速率。

土体正冻区在负温下部分水冻结，研究表明，冻结水所占总含水量的质量分数与负温值相关，可以通过大量实验所得到的冻结曲线函数进行描述，进而得到冻结曲线函数对时间的导数，即为原位结冰速率，如下式：

$$\theta_u = \theta_{u1} + \theta_{u2} \tag{3.2-10}$$

$$\theta_i = \theta_{i1} + \theta_{i2} \tag{3.2-11}$$

$$\theta_{u1} \leqslant \frac{\rho}{\rho_w} a \left| \frac{T}{T_f} \right|^b \tag{3.2-12}$$

$$\frac{\partial \theta_{i1}}{\partial t} = -\frac{\rho_w}{\rho_i} \frac{\partial \theta_{u1}}{\partial t} = -\frac{\rho_w}{\rho_i} \frac{\rho}{\rho_w} \frac{\partial \theta_{u1}}{\partial T} \frac{\partial T}{\partial t} = -\frac{\rho}{\rho_i} \frac{a \cdot b}{T_f} \left| \frac{T}{T_f} \right|^{b-1} \frac{\partial T}{\partial t} \tag{3.2-13}$$

式中：θ_u 为冻结土中未冻水体积含量，其中下标 u1 和 u2 分别代表原始土体孔隙中未冻水体积含量和迁移而来的未冻水体积含量；

θ_i 为冻结土中冰体积含量，其中下标 i1 和 i2 分别代表原位水冻结形成的冰和迁移水冻结形成的冰；

a、b 分别是冻结曲线参数，由试验结果拟合得到；

T_f 为水分冻结点温度，℃；

ρ 为密度，kg/m³；

ρ_w 为水密度，kg/m³；

ρ_i 为冰密度，kg/m³；

t 为时间，s；

T 为温度，℃。

值得注意的是式(3.2-12)中，当孔隙水含量小于公式当前负温所对应的含水量时，水分无法冻结且 θ_{ul} 取当前实际含水量的值，如图3.2-1所示。

正冻区水分相变，冰水界面上水的能态降低，表现为孔隙水压力的下降，非冻结区水分在压力梯度的作用下通过冻结缘的薄膜水向冰水界面迁

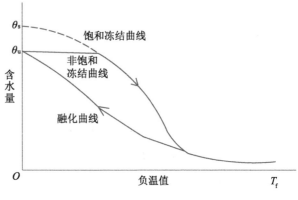

图 3.2-1　土体冻融曲线

移，同时继续冻结成冰，提供了相变区冰生长的水源。由于正冻区水分迁移和相变的过程比较缓慢，可以假设满足热力学平衡条件，采用热力学平衡的克拉佩龙方程可以建立正冻区温度变化与孔压变化的关系式，如下式：

$$\frac{\mathrm{d}p}{\rho_\mathrm{w}} = \frac{L_\mathrm{f}}{T_\mathrm{f}}\mathrm{d}T \tag{3.2-14}$$

根据 Miller 等人[①] 的研究，冻土中孔隙水结冰，冰水界面形成的负压或负基质势，与变饱和土孔隙水减小而在气液交界面形成的负压或负基质势的定性机理和定量的描述是相似的，即变饱和土土水特征曲线与正冻土冻结曲线存在平行关系。因此可以用变饱和土体中的孔隙水压代替正冻土冻结锋面处冰水界面上的薄膜水压力，结合式(3.2-5)及式(3.2-14)推导得到冻结区未冻水含水量增量与温度增量的关系表达式，如下式：

$$\mathrm{d}\theta_{u2} = \mathrm{d}\theta = \frac{\partial\theta}{\partial p}\mathrm{d}p = C_\mathrm{m}\frac{\rho_\mathrm{w}L_\mathrm{f}}{T_\mathrm{f}}\mathrm{d}T \tag{3.2-15}$$

由此可以得到式(3.2-4)右边源项中的结冰速率表达式，即：

$$\rho_\mathrm{i}\frac{\partial\theta_{i2}}{\partial t} = -\rho_\mathrm{w}\frac{\partial\theta_{u2}}{\partial t} = -\rho_\mathrm{w}C_\mathrm{m}\frac{\rho_\mathrm{w}L_\mathrm{f}}{T_\mathrm{f}}\frac{\partial T}{\partial t} \tag{3.2-16}$$

将式(3.2-13)和(3.2-16)代入(3.2-11)，可得到正冻土区冰生长速率的表达式，如下式：

$$\rho_\mathrm{i}\frac{\partial\theta_\mathrm{i}}{\partial t} = -\left(\rho\frac{a\cdot b}{T_\mathrm{f}}\left|\frac{T}{T_\mathrm{f}}\right|^{b-1} + \rho_\mathrm{w}C_\mathrm{m}\frac{\rho_\mathrm{w}L_\mathrm{f}}{T_\mathrm{f}}\right)\frac{\partial T}{\partial t} \quad \left(\frac{\partial T}{\partial t} \leqslant 0\right) \tag{3.2-17}$$

冻土融化时，冰含量的变化速率与冻结时不同，水结冰过程受到热力学平衡关系的制

① MILLER R D. Freezing and heaving of saturated and unsaturated soils[J]. Highway Research Record, 1972, 1972(393)：1-11；MILLER R D. Lens initiation in secondary heaving[C]//Proceedings of the international symposium on frost action in soils, Sweden, 1977：68-74.

约，而融化过程则较为迅速，即冻结曲线要滞后于融化曲线，如图 3.2-1 所示。根据 Kooperman 等人的研究，融化曲线可以近似表示为直线。根据冰的融化温度在 $-2\,℃$ 至 $0.5\,℃$ 之间，可以用以下方程表示已冻土中的冰消融速率：

$$\theta_i = \begin{cases} \theta_{i\max} & \left(T < -2\,℃ \text{ 且} \dfrac{\partial T}{\partial t} > 0\right) \\[2mm] (-0.4T + 0.2) & \left(0.5\,℃ \leqslant T \leqslant -2\,℃ \text{ 且} \dfrac{\partial T}{\partial t} > 0\right) \\[2mm] 0 & \left(T > 0.5\,℃ \text{ 且} \dfrac{\partial T}{\partial t} > 0\right) \end{cases} \quad (3.2\text{-}18)$$

$$\rho_i \frac{\partial \theta_i}{\partial t} = -0.4\rho_i \theta_{i\max} \frac{\partial T}{\partial t} \quad \left(0.5\,℃ \leqslant T \leqslant 2\,℃ \text{ 且} \frac{\partial T}{\partial t} > 0\right) \quad (3.2\text{-}19)$$

式中：$\theta_{i\max}$ 为土体冻结过程孔隙最大含冰量。

式（3.2-17）和式（3.2-19）所组成的冻融条件下冰生长速率表达式，即为水热耦合的联系方程，通过该方程可以将含冰量这一未知量与温度建立联系，从而使式（3.2-1）和式（3.2-4）可联合求解土体温度场和水分场，需要注意的是，式（3.2-4）作为水分迁移方程，求得的未知数是孔隙压力 p，需要通过式（3.2-6）和式（3.2-7）联合求解土体含水量 θ。通过水热耦合的链式模型，求解在外部负温下，渠基温度场的变化以及相应的冰含量 θ_i，从而得到土体自由冻胀率表达式，如下式：

$$\varepsilon = \int_t \frac{\partial \theta_i}{\partial t} \mathrm{d}t - \theta_u - n \quad (3.2\text{-}20)$$

式中：ε 为无上覆荷载时土体自由冻胀率；

　　　θ_u 为孔隙中未冻水含量；

　　　n 为土体孔隙率。

由于渠道衬砌结构单薄且质量小，基土表层冻胀时可以忽略上覆荷载，因此常用水热耦合的主控制方程式（3.2-1）、式（3.2-4）、式（3.2-17）、式（3.2-19）和式（3.2-20）便可以预测薄板结构衬砌的渠道渠基的冻融温度场、渗流水分场以及冻融变形情况。

3.2.2　考虑冻融劣化本构的渠基土冻融链式灾变模型

渠基土冻结过程中，产生集聚的分凝冰位置处土体被撑开，冰融化后孔隙水压力难以快速消散，土体有效应力骤减，抗剪强度显著降低。即水分消散后形成大量难以完全闭合的裂隙，导致土体的结构损伤，从而强度和弹性模量降低。多次冻融过后裂缝开展度逐渐趋于稳定，强度和模量降低到最低值并保持稳定。可见，渠基土的冻融劣化本质原因有两个，其一是额外的孔隙水压力造成的有效应力降低，其二是冻胀作用造成的土体塑性损伤。

据此建立考虑含冰量和孔隙水压力的土体塑性本构,与水分场与温度场进行耦合计算土体的冻融劣化过程。

1. 土体冻融过程弹塑性模型

土体冻结过程中分凝冰的形成和增长,附加产生孔隙冰压力,造成土体有效应力的减小,从而产生冻胀变形。而融化过程冰消融同时孔隙水压的消散作用,使得土体沉降。因此土体的冻融变形过程,是孔隙冰压力和水压力增减作用于土骨架的过程。

土体孔隙水压力的数值利用渗流理查德方程式(3.2-4)得到,即为求解变量 p。而孔隙冰压力的计算目前未有成熟的理论,这是因为冰压力的产生机理尚不明确。Miller 等人[①]采用刚冰假设,认为冰不可压缩,冰含量的增加全部转化为冻胀变形量。有学者则采用基于热力学平衡的克拉佩龙方程,根据冻结区温度建立冰压力的表达式。本书基于刚冰假设,认为冰不可压缩,但土颗粒可以压缩,增长的冰对土的作用力取决于土的弹性模量,以此建立冰孔压表达式,如下式:

$$p_i = -K \cdot \left(\int_t \frac{\partial \theta_i}{\partial t} \mathrm{d}t - n \right) \tag{3.2-21}$$

虽然土体冰压力为孔隙压力,类似于孔隙水压力作用于土骨架,然而由于冰的黏结作用,同时组成土体骨架的一部分,参与土体的变形和应力。本书建立土体荷载响应的控制方程时,假设孔隙水压力为骨架外应力,孔隙冰压力为土体内应力,土体弹塑性变形控制方程如下式:

$$\nabla(\sigma + p_w) + F = 0 \tag{3.2-22}$$

其应力应变关系采用切线模量模型表示为:

$$\Delta\sigma = 2G_t \cdot \mathrm{dev}(\Delta\varepsilon_s) + [K_t \cdot \mathrm{trace}(\Delta\varepsilon_v) + p_i] I \tag{3.2-23}$$

$$G_t = \frac{E_t}{2(1+\nu)} \tag{3.2-24}$$

$$K_t = \frac{E_t}{3(1-2\nu)} \tag{3.2-25}$$

$$\Delta\varepsilon_s = \Delta\varepsilon_s^e - \Delta\varepsilon_s^p \tag{3.2-26}$$

$$\mathrm{d}\varepsilon_s^p = \mathrm{d}\lambda \frac{\partial Q}{\partial q} \tag{3.2-27}$$

---

① MILLER R D. Freezing and heaving of saturated and unsaturated soils[J]. Highway Research Record, 1972, 1972(393): 1-11; MILLER R D. Lens initiation in secondary heaving[C]//Proceedings of the international symposium on frost action in soils, Sweden, 1977: 68-74.

式中：G_t 为土体切线剪切模量，Pa；

　　　K_t 为土体切线压缩模量，Pa；

　　　E_t 为切线弹性模量，Pa；

　　　ν 为泊松比；

　　　ε_v、ε_s 分别为土的体应变与广义剪应变；

　　　e 和 p 分别代表弹性部分与塑性部分；

　　　Q 为土体塑性势函数，此处假设土体塑性变形主要由广义剪应变产生而忽略体应变产生的塑性变形；

　　　$d\lambda$ 为塑性流动规则参数；

　　　q 为剪应力张量，Pa。

2. 渠基土冻融破坏的强度准则

寒区渠道渠坡冻融滑塌过程主要发生剪切破坏，同时因不均匀冻融变形和渠顶滑弧受拉也可能发生拉伸破坏，存在着复杂的应力状态（图 3.2-2）。

土体的剪切破坏一般认为符合摩尔-库仑强度理论，以剪切强度为准则。若存在拉应力破坏的情况

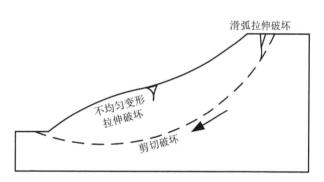

图 3.2-2　寒区渠道基土冻融破坏类型

下，原摩尔-库仑强度包线不再是直线，根据格里菲斯岩石脆性破裂模型，采用双曲线对摩尔-库仑强度包线进行拟合，并以原强度包线的直线为渐近线，考虑拉伸与剪切破坏的渠基土强度准则，表示为：

$$\bar{\tau}^2 = \sin^2\varphi\left[(\bar{\sigma}+c\cot\varphi)^2 - (c\cot\varphi - \sigma_t)^2\right] \qquad (3.2\text{-}28)$$

$$\bar{\tau} = \frac{\sigma_1 - \sigma_3}{2}; \quad \bar{\sigma} = \frac{\sigma_1 + \sigma_3}{2} \qquad (3.2\text{-}29)$$

$$\bar{\sigma} = \frac{4\sigma_t}{\sqrt{1+\tan^2\varphi} - \tan\varphi} \qquad (3.2\text{-}30)$$

或者表示为：

$$f = \frac{1}{3}q^2\left(\frac{1}{\sqrt{3}}\sin\theta\sin\varphi + \cos\theta\right)^2 - (p\sin\varphi + c\cos\varphi)^2 - (c\cos\varphi + \sigma_t\sin\varphi)^2 = 0 \qquad (3.2\text{-}31)$$

$$p = \frac{1}{3}(\sigma_1 + \sigma_2 + \sigma_3) \qquad (3.2\text{-}32)$$

$$q = \sqrt{\frac{1}{2}\left[(\sigma_1 - \sigma_2)^2 + (\sigma_2 - \sigma_3)^2 + (\sigma_3 - \sigma_1)^2\right]} \qquad (3.2\text{-}33)$$

式中：与 $(\sigma_1 + \sigma_3)/2$ 轴的截距为抗拉强度 σ_t，以摩尔-库仑的直线为渐近线；

θ 为应力洛德角，表示中主应力与两个主应力间的相对比例，°；

c 为土体黏聚力，kPa；

φ 为土体内摩擦角，°；

p 为静水压力张量，Pa；

q 为剪应力张量，Pa。

式(3.2-28)表示的曲线如图 3.2-3 所示。

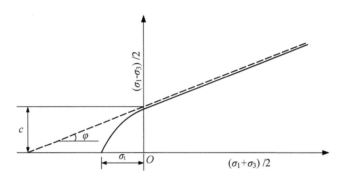

图 3.2-3　渠基土拉伸和剪切破坏包线

3. 渠基土冻融过程中力学参数动态变化模型

渠基土冻融本构及强度准则，反映了寒区渠道工程系统在外环境作用下内部土体、水、冰间相互作用转化、作用的规律，以及由此产生的应力、应变和位移响应，最后表现出来的土体滑坡灾害及对应的判别条件。

需要强调的是，土体冻胀时冰压力贡献了土体内的拉应力，当该拉应力超过土体有效应力后，土体开裂。开裂土体冰压力释放，与土体上覆荷载相等，拉应力不再增长而变形持续，与理想弹塑性变形特点相似。事实上在土体冻结时，由于冰的胶凝作用，冻土强度提高，虽然应变量远远超过土体极限应变的范畴，但是在融沉阶段，冰融化后冻胀产生的应变恢复，具有弹性变形特点。因此土体冻胀时考虑冻结胶凝作用，强度指标和变形模量产生强化，这一胶结作用与冻土负温和含冰量的相关，其中弹性模量可以用冰与土的混合率模型描述，表示为：

$$E = \frac{\theta_s E_s + \theta_i E_i}{(\theta_s + \theta_i)^2} \qquad (3.2\text{-}34)$$

$$E_i = -7.75T + 415 \qquad (3.2\text{-}35)$$

式中：E_i 为纯冰的弹性模量，MPa；

$\quad\quad E_s$ 为土体弹性模量，MPa；

$\quad\quad \theta_i$ 为冰体积含量；

$\quad\quad \theta_s$ 为土骨架体积含量；

$\quad\quad T$ 为温度，℃。

在多次冻融循环后，土体弹性模量受此影响发生一定的改变，研究表明，小围压条件下土体发生冻融软化，大围压条件冻融硬化，考虑渠道基土冻融过程发生于表面土层，因此具有冻融软化特性，定义弹性模量的软化系数 $R_n = E_n/E_0$（E_n 为冻融循环 n 次后的弹性模量，E_0 为未冻融时的弹性模量），参考文献试验数据，土体弹性模量随着冻融循环次数增加呈先减小、后增大并逐渐趋于稳定的规律，据此拟合 R_{E_n} 及土体模量表达式如下：

$$R_{E_n} = 1 - 0.104n + 0.01n^2 \tag{3.2-36}$$

$$G_{tn} = R_{E_n} \frac{E_t}{2(1+\nu)} \tag{3.2-37}$$

$$K_{tn} = R_{E_n} \frac{E_t}{3(1-2\nu)} \tag{3.2-38}$$

同理，土体冻融过程中抗拉强度 σ_t、黏滞系数 c 和内摩擦角 φ 等强度参数同样与温度和冰含量相关，同时多次冻融循环后强度劣化也有所体现。具体的冻胀时，土体抗拉、抗剪强度显著提高，而融化时则因原先聚集的冰层融化导致含水量暂时增加，从而比未冻胀前有所下降；经历反复冻融并且多余融化水消散后，土体疏松并且原先结构破坏导致其力学强度发生永久劣化。因此土体的强度参数一方面会因土体升温融化而软化，另一方面会因冻融循环而劣化。分别对阿拉斯加黏土、兰州黄土、青藏粉砂土等典型寒区工程土质进行轴压及三轴试验，由此拟合得到冻土抗强度参数随温度的表达式：

$$c = -0.417T + 2.255 \ (T \leqslant 0 \text{ ℃}) \tag{3.2-39}$$

$$\varphi = -0.607T + 27.27 \ (T \leqslant 0 \text{ ℃}) \tag{3.2-40}$$

同时结合多次冻融循环的劣化损伤试验数据，进一步对强度参数进行修正，得到表达式如下：

$$c = \begin{cases} -0.417T + 30.92 & T \leqslant 0 \text{ ℃} \\ 30.92 - 7.6\ln(n) & T > 0 \text{ ℃} \end{cases} \tag{3.2-41}$$

$$\varphi = \begin{cases} -0.607T + 27.27 & T \leqslant 0 \text{ ℃} \\ 27.27 - \ln(n) & T > 0 \text{ ℃} \end{cases} \tag{3.2-42}$$

常温下，渠坡土体抗拉强度较小，根据一般拉应变超过 0.1% 时土体产生拉裂破坏，据此反算土体抗拉强度参数表达式为：

$$\sigma_t = 0.001K_{tn} \tag{3.2-43}$$

渠基土冻融链式灾变模型考虑了温度、含冰量和冻融循环次数对力学参数的动态影响，而这些影响因素的变化通过温度-水分链式模型的耦合模型反映。两个模型间通过参数耦合效应实现寒区渠道工程经历水位升降、冻胀融沉交替循环过程中渠基土子部分温度、水分、分凝冰、应力场、变形场等致灾因素的空间与时间差异性动态分布，结合屈服函数所确定的强度准则，作为工程破坏灾害行为发生的判断条件。

3.2.3　冻土-衬砌结构接触面冻融劣化链式灾变模型

1. 冻融循环下衬砌结构的灾变链式过程

寒区渠道工程基土冻融不均匀变形作用在衬砌结构上，导致结构因无法适应土体变形而产生刚度破坏或强度破坏；同时由于土体与衬砌间接触相互作用，衬砌结构相对土体发生切向冻胀位移或融化产生的滑移位移等失稳破坏。冻土与衬砌结构间相互作用通过法向冻胀力、切向冻胀力和冻结强度参数体现，其中局部较大的法向和切向冻胀力作为主动力作用于衬砌结构，使其产生相对位移，而局部冻胀力较小的位置的衬砌反而受到冻土冻结力的限制，两方面作用的结果使衬砌不同部位产生挤压或拉伸应力，超过一定允许值后衬砌板产生隆起变形或拉伸裂缝。融化期冻结力消失后，对于隆起变形严重的预制衬砌板，或产生断裂破坏的现浇衬砌，因接缝或开裂处结构间约束丧失使上方衬砌板产生滑移变形。更为严重的是经历多次冻融循环后，土坡表面土体剥落后沿衬砌与土体间隙下滑至坡脚，长期作用下造成渠坡脚衬砌难以恢复的隆起变形，对于薄弱的混凝土衬砌结构极易造成表面的拉裂破坏。据此，由图3.2-4表示衬砌结构在冻融过程中的灾变链式过程。

2. 冻土-衬砌接触动态响应模型

渠道衬砌结构的灾变过程中冻土-衬砌接触面内的力学响应是主要驱动和诱发灾变发生的因素。由上一章节分析可知，触面力学特性实质上是分凝冰层与土颗粒的复合材料的力学特性，因温度和表层土体含水量的变化而产生差异，作用机理复杂。针对冻土与衬砌结构相互作用的研究，早期学者在分析衬砌破坏时将其处理为冻土对衬砌结构的法向与切向的冻胀力，而法向冻胀力产生的根源在于衬砌板与渠基冻土冻结为一体的切向冻结力的存在，其值与冻土冻结温度、含水量和衬砌材料结构相关，通常由试验测定，基于此建立了衬砌渠道冻胀破坏的简化结构力学模型。随后将冻土与衬砌视为两种刚度不同的材料组成的一体化整体复合结构，按衬砌与冻土协调变形建立了有限元模型对衬砌变形与应力进行计算，与结构力学简化模型相比有限元法可以考虑到冻土与结构协调变形过程中的相互作用随时间与空间的变化。以上研究均表明引起渠道衬砌板破坏的主要外力是衬砌板下的切向冻结力及由此产生的法向冻胀力的共同作用，而切向冻结力产生的必要条件是渠道

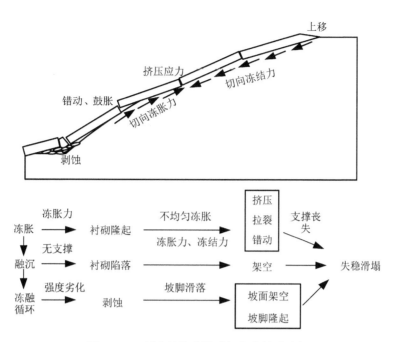

图 3.2-4　衬砌结构冻融破坏灾变链式过程

边坡衬砌板和其下冻土层之间冻结约束的存在。李爽等[1]和孙厚超等[2]研究表明冻土与衬砌间存在接触层,接触层冻结时提供了有条件的约束作用,特别是在温度升高、基土融化时约束解除土体与结构容易脱开,并通过设计试验装置对接触层的力学性质进行了研究。

结合以上研究成果,本书建立了冻土与衬砌结构的相互作用的接触力学模型,模型由描述接触相对位移与接触力的接触本构模型和描述接触面强度峰值的接触强度模型组成。

衬砌结构所受的冻胀力和冻结力由冻土与衬砌结构相对运动或相对运动趋势而形成,基于此可将两者接触面间应力应变关系表示为:

$$\sigma_n = -k_{An}(u_{nl} - u_{ns}) \tag{3.2-44}$$

$$\sigma_t = -k_{At}(u_{tl} - u_{ts}) \tag{3.2-45}$$

式中：σ_n、σ_t 分别为接触面的法向和切向应力,kN/m^2；

u_{nl}、u_{tl} 分别为衬砌法向和切向位移,m；

u_{ns}、u_{ts} 分别为土体法向和切向位移,m；

k_{An}、k_{At} 分别为接触面的法向和切向刚度,$kN/(m^2 \cdot m)$。

① 李爽,王正中,高兰兰,等.考虑混凝土衬砌板与冻土接触非线性的渠道冻胀数值模拟[J].水利学报,2014,45(4):497-503.

② 孙厚超,杨平,王国良.冻土与结构接触界面层力学试验系统研制及应用[J].岩土力学,2014,35(12):3636-3641,3643.

孙厚超等[①]的研究表明随着接触面剪切位移增大,剪切应力随之增大并且出现峰值,随之趋于稳定;并且随法向应力的增加,切向刚度也随之增加。由试验结果可以看出,在达到剪切峰值前,剪切应力与位移间为线性关系,此时剪切刚度与冻土可以取为冻土剪切模量值,这一数值与冻土负温存在的相关关系可由式(3.2-24)和式(3.2-34)所确定。剪切应力峰值即接触面抗剪强度用摩尔-库仑理论描述,响应参数随法向接触应力和冻土负温相关关系可以表示为:

$$\sigma_{\tau\max} = (-0.005T + 0.631)\sigma_n + 12.39e^{-0.09T} \tag{3.2-46}$$

据此对接触面应力应变关系模型中的法向和切向刚度进行修正得:

$$k_{An} = \begin{cases} K_t, & u_{nl} - u_{ns} < \varepsilon_t \\ 0, & u_{nl} - u_{ns} \geq \varepsilon_t \end{cases} \tag{3.2-47}$$

$$k_{At} = \begin{cases} G_t, & \sigma_\tau \leq \sigma_{\tau\max} \\ f\dfrac{(u_{tl} - u_{ts})}{|u_{tl} - u_{ts}| + e}, & \sigma_t > \sigma_{\tau\max} \end{cases} \tag{3.2-48}$$

式中:ε_t 为冻土抗拉应变;

$\sigma_{\tau\max}$ 为冻土剪切强度,kPa;

f 为接触面剪切破坏后的参与摩擦力,kPa;

e 为无限小的数,确保分母不为0。

3. 冻融过程衬砌失稳破坏准则

一般而言,渠基土冻胀变形呈现渠底及渠坡下部大、渠坡上部及顶部小的不均匀性特点。在冻胀量大渠道下方土体隆起的同时,由于冻结力的存在,其表面衬砌板随渠基土运动。而渠道上方土体隆起量小,衬砌板位移小,因衬砌结构的整体性,所以难以避免地会受到下方隆起衬砌板的上推挤压作用,同时又受到土体的冻结作用和板间接缝的约束难以移动。衬砌板在冻胀力、冻结力和板间约束力共同作用下处于平衡状态,如图3.2-5所示。

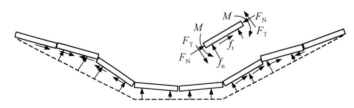

图 3.2-5 冻胀过程中衬砌板受力示意图

① 孙厚超,杨平,王国良.冻黏土与结构接触界面层单剪力学特性试验[J].农业工程学报,2015,31(9):57-62.

融化期土体冻胀变形恢复后,冻胀力和冻结力皆消失,冻胀量较小位置的衬砌随土体恢复,接触层间尚存在摩擦力;而冻胀量较大位置的衬砌错动或架空从而与土体脱开,层间接触消失,仅通过板间支撑力保持平衡。由冻胀融沉过程中衬砌板平衡条件,建立其平衡方程如下:

$$\int_0^l f_n \mathrm{d}x = \sum F_T \tag{3.2-49}$$

$$\int_0^l f_\tau \mathrm{d}x = \sum F_N \tag{3.2-50}$$

$$\int_0^l f_n \cdot x \mathrm{d}x + \int_0^l f_\tau \cdot \frac{d}{2} = \sum M \tag{3.2-51}$$

式中:F_T 为板间剪力,由接缝处砂浆等接缝材料提供,kN;

F_N 为板间轴力,压为正、拉为负,kN;

M 为板间弯矩,kN·m;

l 为板长度,m;

x 为单元长度,m;

f_n 为切应力,kN;

f_τ 为剪应力,kN。

设板间抗剪强度、抗拉强度、抗压强度、抗弯强度和土体冻结强度分别用 $[F_T]$、$[F_{NT}]$、$[F_{NC}]$、$[M]$ 和 $[F_f]$ 表示,则根据极限平衡条件得到衬砌结构的破坏形式及判别标准为:

$$\int_0^l f_n \mathrm{d}x \leqslant \sum [F_T] \tag{3.2-52}$$

$$\sum - [F_{NT}] \leqslant \int_0^l f_\tau \mathrm{d}x \tag{3.2-53}$$

$$\int_0^l f_\tau \mathrm{d}x \leqslant \sum [F_{NC}] \tag{3.2-54}$$

$$\int_0^l f_n \cdot x \mathrm{d}x + \int_0^l f_\tau \cdot \frac{d}{2} \leqslant \sum [M], \text{且} \int_0^l f_n \mathrm{d}x \leqslant [F_f] \tag{3.2-55}$$

式(3.2-52)表示衬砌板法向冻胀力合力大于衬砌板间接缝抗剪强度时,衬砌发生板间错动破坏,融化期冻结力消失将导致衬砌板进一步错动甚至下滑;式(3.2-53)表示衬砌板切向冻胀力产生轴拉力超过接缝抗拉强度时发生拉裂破坏;式(3.2-54)表示若切向冻胀力产生轴压超过接缝抗压强度,发生挤压破坏;式(3.2-55)表示衬砌板上的作用力矩超过接缝抗弯刚度且冻结力大于界面冻结强度时,衬砌结构发生鼓胀、架空破坏,融化期冻结力消失衬砌板进一步滑动,导致板间穿插破坏甚直至整体滑塌。

3.2.4　考虑渠道表面太阳辐射的换热模型

对于晴朗天气下的渠道，由于渠道边坡的遮挡作用，渠道表面不同位置接收差异性的太阳辐射量。另外，渠道表面的吸热作用使表面不同位置的温度及其与环境温度均存在差异，引起了渠道表面间辐射及表面-环境间辐射，如图 3.2-6 所示。

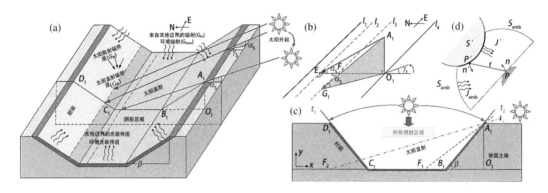

图 3.2-6　渠道的辐射传热示意图

(a) 辐射传热过程；(b) 阴影长度；(c) 渠道阴影分布；(d) 角系数

1. 太阳辐射模型

太阳辐射具有明显的时空效应，其位置由赤纬 δ 和时角 ω 组成的赤道坐标系及由太阳高度角 α_s 和方位角 γ_s 组成的地平坐标系决定，各参数计算式如下：

$$\delta = 23.45 \sin \left[2\pi \times (284 + D)/365 \right] \tag{3.2-56}$$

式中：D 为日序数，其中 1 月 1 日为 1，12 月 31 日为 365，表征不同季节日期的参数。

$$\omega = 15(t_s - 12) \tag{3.2-57}$$

式中：t_s 为太阳时，采用下式计算[①]：

$$t_s = t_{st} - (L_{st} - L_{loc})/15° + ET/60° \tag{3.2-58}$$

式中：t_{st} 为本地太阳时，h；

L_{st} 和 L_{loc} 是时区标准子午线的经度和本地位置的经度；

ET 是时间调整方程，min，$ET = 2.292 \times (0.0075 + 0.1868\cos B - 3.2077\sin B -1.4615\cos 2B - 4.089\sin 2B)$，其中 $B = 360° \times (D-1)/365°$

$$\sin \alpha_s = \sin \varphi \sin \delta + \cos \varphi \cos \delta \cos \omega \tag{3.2-59}$$

$$\sin \gamma_s = \cos \delta \sin \omega / \cos \alpha_s \tag{3.2-60}$$

---

① DUFFIE J A, BECKMAN W A. Solar engineering of thermal processes[M]. 4th ed. New York: Wiley, 2013.

式中：φ 为地理纬度；

γ_s 偏东为负，偏西为正；

δ 为纬度；

w 为时间面；

α_s 为太阳高度面。

我国西北地区长距离输水工程的渠道大多分布在沙漠无人区，气象观测站较少，气象资料缺乏。Hottel 太阳辐射模型计算简单，适用范围广，适用于气象数据较少的地区。此外，该模型考虑了气候类型和海拔高度的影响，精度基本满足工程要求。虽然该模型没有考虑多云天气和降水影响，但这将使渠道的阴阳坡效应更加显著，有助于研究渠道阴阳坡效应的冻害机理。因此，本章采用 Hottel 太阳辐射模型，任一坡面接收到的太阳辐射强度计算公式如下：

$$G_{td} = G_0 \left[0.271 - 0.294(\alpha_0 + \alpha_1 e^{-k/\sin\alpha_s}) \right] \times (1 + \cos\beta)/2 \tag{3.2-61}$$

$$G_{tb} = G_0(\alpha_0 + \alpha_1 e^{-k/\sin\alpha_s}) \cos i / \sin\alpha_s \tag{3.2-62}$$

$$\cos i = \cos\beta\sin\alpha_s + \sin\beta\cos\alpha_s\cos(\gamma_s - \gamma_t) \tag{3.2-63}$$

式中：G_{td} 和 G_{tb} 分别表示太阳直射辐照度和散射辐照度，W/m^2；

i 表式任一坡面的太阳入射角；

β 表示斜面角度；

γ_t 表示斜面方位角，指渠道表面法线在水平面上的投影与正南方向的夹角，面向东时为负，面向西时为正；

G_0 表示太阳射线到达大气层外切平面的太阳辐射强度，W/m^2，$G_0 = G_{sc}[1 + 0.033\cos(2\pi D/365)]\sin\alpha_s$，$G_{sc}$ 是太阳常数（1 367 W/m^2）；

α_0、α_1 和 k 为标准晴空大气常数。

2. 渠道阴影计算方法

渠道阴影分布由太阳位置、渠道走向及其截面形状决定。以东—西走向渠道为例，阴影分布如图 3.2-6(a)所示。阴影边界平行于渠道走向，因此可将渠道阴坡看作一根杆，如图 3.2-6(b)所示。其中 O_1A_1 是渠道深度，l_1 和 l_4 分别是渠坡顶在水平面上的投影。若此时太阳位于渠道正南方，细杆将产生 O_1E_1 的阴影，渠道阴影区域为 $l_2 \sim l_4$，$l_1 \sim l_2$ 为受光区；若将渠道顺时针旋转一定角度，此值为面向太阳的渠道表面方位角 γ_t。为便于图幅描述，亦可表示为渠道走向不变，太阳逆时针旋转此角度。此时细杆 O_1A_1 将产生 O_1G_1 的阴影，渠道阴影区域为 $l_3 \sim l_4$。因太阳高度角未发生变化，细杆产生的阴影长度一致，即 $L(O_1E_1) = L(O_1G_1)$，L 表示长度符号。综合考虑渠道走向和太阳位置变化，平面 $A_1O_1E_1$ 上的阴影长度 $L(O_1F_1)$ 采用下式计算：

$$L(O_1F_1) = | L(O_1A_1)/\tan\alpha_s \cdot \cos(\gamma_s - \gamma_t) | \qquad (3.2\text{-}64)$$

进一步结合渠道断面进行阴影判定,如图 3.2-6(c)所示。A_1、D_1 均为太阳光线可穿过位置,为简化图幅,仅以 A_1 点为例介绍,F_1、F_2 为不同太阳位置下产生的阴影点。当 $L(O_1F_1) = L(O_1B_1)$ 时,太阳光沿着 D_1C_1 或 A_1B_1 照射进渠道,此时对应的时间分别为 t_1、t_2。当 $L(O_1F_1) \leqslant L(O_1B_1)$,渠道所有部分均暴露在太阳光之间,此时对应的时间在 t_1 和 t_2 之间。当 $L(O_1F_1) > L(O_1B_1)$ 时,即不在 t_1 至 t_2 时间内,此时,渠道的受光区可通过太阳光线和渠道截面尺寸之间的几何关系来确定。因此,渠坡(A_1B_1 和 C_1D_1)的受光区和渠底(B_1C_1)的受光区可采用下式计算:

$$R(A_1B_1) = \begin{cases} x > \dfrac{\dfrac{L(O_1A_1)}{\tan\alpha_s} - \dfrac{L(O_1A_1)}{\tan\beta} - L(B_1C_1)}{\left(\dfrac{1}{\tan\alpha_s} + \dfrac{1}{\tan\beta}\right) \cdot \tan\beta} & t_s < t_1 \\ \text{All area of } A_1B_1 & t_1 < t_s < t_2 \\ 0 & t_s > t_2 \end{cases} \qquad (3.2\text{-}65)$$

$$R(B_1C_1) = \begin{cases} x \geqslant x(C_1) + L(O_1F_1) - L(O_1B_1) & t_s < t_1 \\ \text{All area of } B_1C_1 & t_1 < t_s < t_2 \\ x \leqslant x(B_1) - L(O_1F_1) + L(O_1B_1) & t_s > t_2 \end{cases} \qquad (3.2\text{-}66)$$

$$R(C_1D_1) = \begin{cases} 0 & t_s < t_1 \\ \text{All area of } C_1D_1 & t_1 < t_s < t_2 \\ x < \dfrac{\dfrac{L(O_1A_1)}{\tan\alpha_s} - \dfrac{L(O_1A_1)}{\tan\beta} - L(B_1C_1)}{\left(\dfrac{1}{\tan\alpha_s} + \dfrac{1}{\tan\beta}\right) \cdot \tan\beta} & t_s > t_2 \end{cases} \qquad (3.2\text{-}67)$$

式中:x 为空间坐标,向右为正;

$x(B_1)$ 和 $x(C_1)$ 分别表示 B_1 点和 C_1 点的 x 坐标。

3. 辐射传热平衡方程

因衬砌板间温度及其与环境温度不同而产生热辐射,计算简图见图 3.2-6(a)和(d)。任一点 P 得到的 S' 面的辐照度(G_m,W/m^2)及周围环境辐照度(G_{amb},W/m^2)采用下式计算:

$$G_m = \int_{S'} \frac{(-n' \cdot r)(n \cdot r)}{\pi |r|^4} J' ds \qquad (3.2\text{-}68)$$

$$G_{amb} = F_{amb} \cdot J_{amb} = \left(1 - \int_{S'} \frac{(-n' \cdot r)(n \cdot r)}{\pi |r|^4} ds\right) \cdot n^2 \sigma_1 T_{amb}^4 \qquad (3.2\text{-}69)$$

式中：J' 和 J_{amb} 分别为 S' 面和环境 S_{amb} 的辐射度，W/m^2；

　　　n 和 n' 分别为两个面的法线矢量；

　　　r 为面上两点的距离矢量；

　　　n 为折射率，不透明物体取 1；

　　　σ_1 为 Stefan-Boltzmann 常数，取 $5.67×10^{-8}W/(m^2 \cdot K^4)$；

　　　F_{amb} 为环境角系数；

　　　T_{amb} 为环境温度，K；

　　　S' 为热辐射接受面积，m^2；

　　　S 为热辐射发射面积，m^2。

　　辐射度 J 由自身辐射及对辐照度（G_m，太阳辐照度 $G_s = G_{td} + G_{tb}$，G_{amb}，$G = G_m + G_s + G_{amb}$）的反射辐射组成，而每一点 G_m 又是其他可见点 J 的函数，结合斯特藩-玻尔兹曼（Stefan-Boltzmann）定律可得到如下辐射平衡方程：

$$J = \rho_{dr}[G_m(J) + G_s + G_{amb}] + \varepsilon n^2 \sigma_1 T^4 \tag{3.2-70}$$

式中：ρ_{dr} 为漫反射系数；

　　　ε 为发射率；

　　　T 为渠道表面温度，K；

　　　G_s 为太阳辐照度，W/m^2；

　　　G_{amb} 为环境辐照度，W/m^2；

　　　J 为辐射产生热，J/m^2；

　　　G_m 为反射辐照度，W/m^2。

　　假设渠道表面为理想漫射灰体，发射率与吸收率 α 相等，可计算得到渠道表面吸收的辐射量 q（W/m^2），方程如下：

$$q = \varepsilon(G - n^2 \sigma_1 T^4) \tag{3.2-71}$$

　　式（3.2-71）作为冻土水-热-力耦合中热模块的第二边界条件（热通量边界条件）。

3.3　基于水-热-力耦合的寒区渠道数值模拟算例

3.3.1　基于灾害链模型的寒区渠道灾害预测有限元分析

　　由寒区输水渠道灾害链理论，可将渠道运行期的灾害归纳为在温度和土质条件下，水的路径迁移和相态变化过程，以及这个过程中对渠道内部上体结构和衬砌结构反馈过程，最后表现出的破坏量变到灾害质变结果。针对灾害链理论,本书建立了反映灾变过程量化分析数值模型,模型包含渠基土内孔隙水、薄膜水的渗流和迁移分析、水分相变分析、边界渗漏与传热分析、孔压与基质势对土体变形影响分析以及土体湿干冻融过程强度劣化分析,可根据具体工程运行情况进行模块化组合,从而达到对灾害链发生发展过程的预测。以下仍然以北疆供水工程为例,对灾害预测模型的应用进行介绍。

1. 北疆供水工程渗漏-冻融灾害典型案例

选取北疆供水戈壁明渠泥岩挖方段为例进行分析,根据灾害风险评价结果,该地段常见灾害类型为渗漏不均匀变形、降水位滑坡和冻融破坏三种,风险等级为中风险。泥岩透水性与水稳性差且具有冻融敏感性,前期少量渗漏导致的冻胀变形对衬砌及土工膜防渗结构具有较大破坏,从而使渠道渗漏加剧。由于挖方段排水困难,基土含水量较高,导致土体稳定性下降。渠道剖面及尺寸如图 3.3-1 所示。

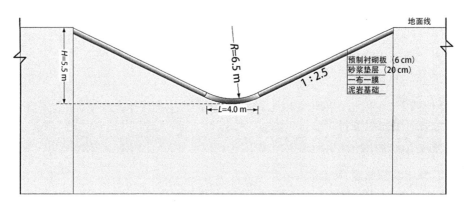

图 3.3-1 泥岩挖方渠道剖面及尺寸

据此,采用灾害链量化分析模型的水-热-力三场耦合分析模块及湿干冻融冻土强度模块进行灾害过程预测分析,并采用 COMSOL Multiphysics 多物理场耦合有限元分析软件对模型进行求解。

2. 北疆供水渠道渗漏-冻融灾害分析有限元模型

(1)几何建模及边界设置

渠道为挖方式对称断面,分析区域沿水流纵向假设土质、结构不变,满足平面应变问题,因此采用二维对称断面构建几何模型。渠道运行工况包括正常输水(水深 3.5 m)、降水位—停水、低温冻结和升温融化四个阶段,通过模型上边界的对流换热边界施加温度边界,其中水位线以下输水期温度采用恒温边界 15 ℃,停水后采用环境温度边界,环境温度按阿勒泰地区月平均气温设置,如图 3.3-2 所示;水位线以上采用环境温度边界。渠道底部距渠底 12 m,温度边界采用恒定 2 ℃,右侧为绝热边界,左侧为对称边界。渗流边界设置:水位以下根据运行工况设置为动态变化的孔压边界,变化过程如图 3.3-3 所示;水位以上为

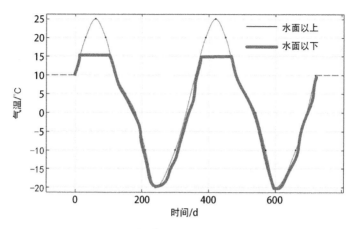

图 3.3-2　北疆渠道外环境月平均气温变化过程

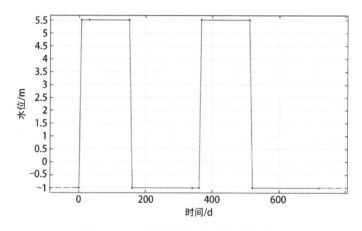

图 3.3-3　北疆渠道运行水位变化过程

自由出流边界,左侧为对称水压边界,右侧为无出流边界,底部为下渗边界。结构力学边界设置:底部和右侧为法向位移约束,左侧为对称约束,渠槽内部水位以下为水压荷载,荷载值根据水位动态变化。几何模型采用四边形网格剖分,有限元网格及边界设置如图 3.3-4所示。

3. 模型材料参数设置

(1)防渗层材料

渠道防渗层材料力学分析采用线弹性模型,渗流分析采用达西定律。衬砌为预制混凝土板和砂浆勾缝的形式,具有较强的变形适应能力,然而由于勾缝的脱落,防渗性能远低于整体的混凝土现浇,模型中忽略接缝的存在和混凝土塑性,采用整体几何模型并通过等效弹性模量(210 MPa)和等效渗透系数(0.8×10^{-8} m/s)来代表。衬砌和勾缝的热传导系数差异不大,因此采用混凝土的热传导系数[2.3 W/(m·K)]。衬砌下方采用一布一膜作为主要防渗手段,采用试验室测定的弹性模量(25 MPa)和渗透系数(1×10^{-10} m/s)。防渗层

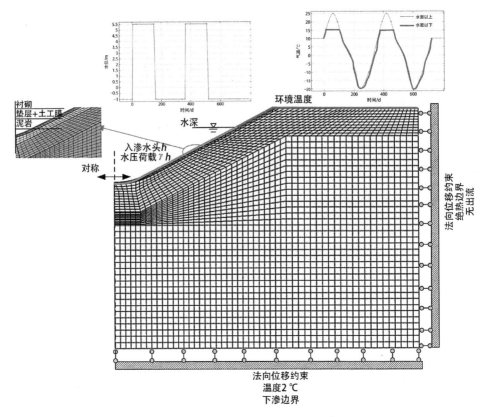

图 3.3-4 有限元网格及边界设置示意图

材料弹性模量、泊松比、热传导系数、渗透系数、密度和厚度如表 3.3-1 所示。

表 3.3-1 防渗层材料参数

防渗层类型	弹性模量(MPa)	泊松比	热传导系数 [W/(m·K)]	渗透系数(m/s)	密度	厚度(cm)
衬砌	210	0.3	2.3	$0.8×10^{-8}$	1 850 kg/m³	6
土工膜	25	0.1	—	$1×10^{-10}$	800 g/m²	0.5

（2）渠基土材料

渠基土从表层向下分别为砂浆透水垫层与泥岩,力学分析采用弹塑性本构,渗流分析采用理查德森变饱和渗流模型。材料的力学参数如表 3.3-2 所示,渗流和热传导相关参数如表 3.3-3 所示。

表 3.3-2 渠基土材料力学参数

土质	密度(kg/m³)	弹性模量(MPa)	泊松比	黏聚力(kPa)	内摩擦角(°)
砂浆垫层	1 300	80	0.23	0	45
泥岩	1 350	40	0.23	0.514	35

表 3.3-3　渠基土材料渗流与热传导参数

土质	饱和渗透 系数（m/s）	VG 参数 $n(\text{m}^{-1})$	VG 参数 α	孔隙率	比奥固结 系数	热传导系数 [W/(m·K)]	等压热容 [J/(kg·K)]
砂浆垫层	2.7e-8	3	2	0.4	1	1.8	750
泥岩	2.1e-7	1.5	4	0.35	1	1.5	1 350

4. 渠道渗漏过程分析

首先，分析渠道防渗层完整条件下的渗流场变化过程，包括常温孔隙水压造成的基土变形。其次，结合温度场变化过程可以看出，初期渠道初期防渗层尤其是土工膜完整，渗漏量小，膜后无积水，渠基土含水量小，土体仅有轻微变形。此后，在低温作用下，土体的冻胀变形对衬砌结构产生冻胀力顶托，下方土工膜受拉变形后超过抗拉强度造成薄膜破裂，渠道渗漏量开始增加。

防渗完整时渠道渗漏过程结果如图 3.3-5～图 3.3-7 所示，饱和区域仅局限在渠底沙砾垫层内，渗漏水向底部隔水层聚集后导致地下水位缓慢上升，随着通水时间的增加（总时长 5 个月），衬砌层和渠底区域饱和，地下水位上升 4 m。停水期渠道渗水少部分外溢，其余继续下渗增加渠底地下水位，为后期冻胀变形埋下隐患。

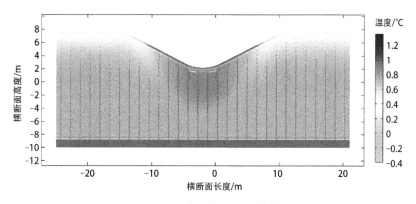

图 3.3-5　通水 1 个月后渠道渗流场

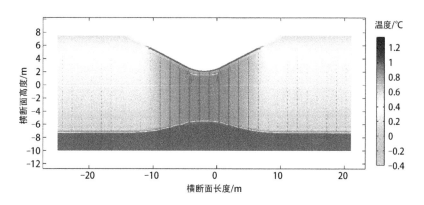

图 3.3-6　通水 5 个月后渠道渗流场

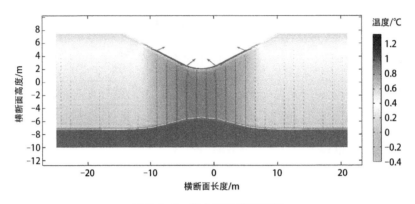

图 3.3-7　停水后渠道渗流场

5. 渠道温度场与冻胀变形分析

气温持续保持 0 ℃以下时,渠道冻深与冻胀量将持续增大。在北疆供水工程中,冻结期为 4 个月,渠基最大冻深达到 2 m,变形量达到 8 cm。渠道向渠槽内部收缩变形,衬砌中下部受约束,从而冻胀量小但冻胀力大(图 3.3-8)。春融期通水前,气温回升不足,渠道内部并未完全融化,含有冰层,但表层土体融化土体开始产生沉降变形(图 3.3-9)。

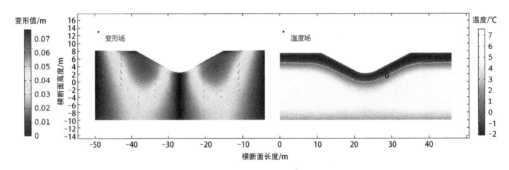

图 3.3-8　最大冻深期温度场及变形场

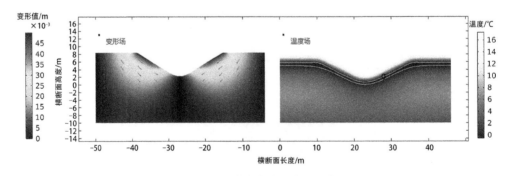

图 3.3-9　春融期通水前温度场及变形场

提取衬砌下方土工膜拉力结果如图 3.3-10 所示,根据试验室土工膜抗拉试验结果,土工膜拉裂强度为 200 kN/m,据此判断土工膜完整性和防渗性能。可以看出,在冻结期 3 个

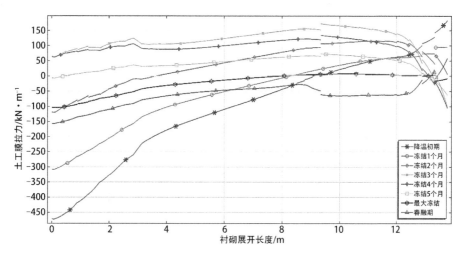

图 3.3-10　不同冻结期土工膜拉力沿衬砌长度分布

月后,土工膜拉力接近了拉裂强度,位置在渠底中下部距底部中心水平长度 3.5～4.5 m 的范围内。随着冻深的增加,冻胀量向深层发展,表面土体冻胀应力和土工膜的拉力有所降低。在冻结期内,土工膜经过了多次拉力的增加和减小,由此产生薄膜的疲劳,在拉力最大区域的反复变化的拉力会造成土工膜的优先破坏,从而产生渗漏加剧。

6. 土工膜拉裂后渠道渗漏分析与失稳分析

根据土工膜拉力分析,提取最大拉力区域位置,对应设置该处的土工膜渗透系数进行折减,随后再次进行渗流与冻胀计算。由图 3.3-11～图 3.3-13 可见,渠道响应位置渗漏加

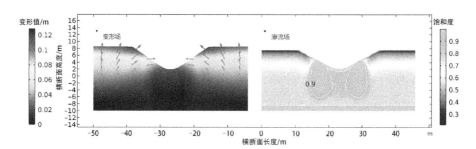

图 3.3-11　土工膜破损 1 个月后渗流场与变形场

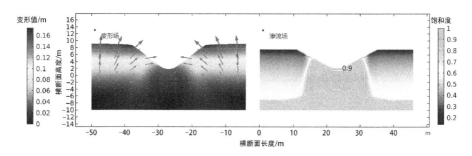

图 3.3-12　土工膜破损 5 个月后渗流场与变形场

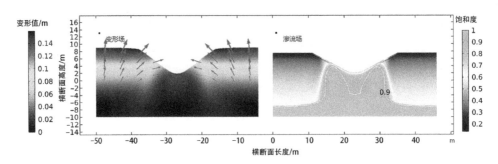

图 3.3-13　土工膜破损后停水期渗流场与变形场

剧,在土工膜破损区域迅速形成饱和区域,基土含水量升高引起变形最大达到 16 cm,较冻胀变形更大。尤其停水后,内水外渗渠基仍有向内变形,无渠水荷载时,渠基土饱和度增高产生的强度衰减,增加了失稳滑坡的风险(图 3.3-14、图 3.3-15)。

采用强度折减法,对降水期渠基稳定性进行分析,滑弧位置从渠顶向沿渗漏位置延伸,坡脚成为泥岩挖方渠道的危险破坏位置,致灾原因在于渗漏引起的渠基水分过高而无法快速疏干,为后期土质劣化提供了诱因。降水期的内水外渗和卸荷作用综合影响下渠道形成向内的滑坡坍塌。

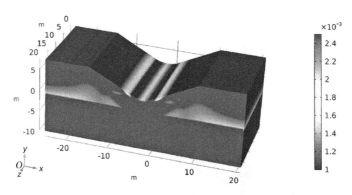

图 3.3-14　停水期渠道塑性应变(安全系数＝1)

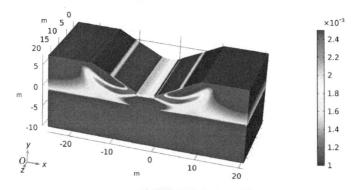

图 3.3-15　停水期渠道塑性应变(安全系数＝2.305)

3.3.2　考虑接触损伤效应的衬砌渠道冻胀过程数值模拟

以北疆供水工程总干渠实际渠道为原型建立计算模型。该渠道总长 133 km,跨度约 19.1 m,断面尺寸远小于渠道长度,因此可将渠道冻胀作用视为平面应变问题。设渠基为均质土,取渠道一半为计算模型。考虑到工程实际冻深大约在 1.0 m,计算时取表面以下 3 m 为底部边界,整个模型高 6 m,宽 9.5 m,$AE=1$ m,$DF=5.4$ m,$HF=4$ m,如图 3.3-16 所示。衬砌材料参数按 C20 标号混凝土取值,其中导热系数按低温潮湿条件下取值,有关参数见表 3.3-4。

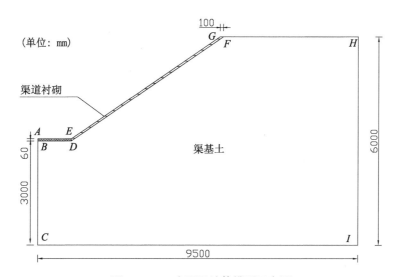

图 3.3-16　有限元计算模型示意图

表 3.3-4　混凝土材料参数

密度(kg/m³)	弹性模量(Pa)	泊松比	导热系数[W/(m²·K)]	膨胀系数
2 400	$2.4×10^{10}$	0.2	1.65	$1.1×10^{-5}$

进一步地,在上图所示建模基础上,将"BD""DF"段按上述参数设置黏滞接触,并按 $\mu=\tan(0.75\varphi)$ 设置摩擦接触,而"ED"段(即渠堤、渠底衬砌接触段)仅设置摩擦接触,此时模拟的结构为分段整体式衬砌,记为工况 1;同时,将"BD""DF"仅设置摩擦工况,记为工况 1-1 用于对比。在此基础上,追加两种工况,一是整体式衬砌,即将"ED"段作为刚性连接,记为工况 2;二是装拼式衬砌,渠堤衬砌按竖直方向每 1 m 设置摩擦接触,记为工况 3,用以考察不同衬砌结构形式的破坏特征。表面温度边界设为-4 ℃。底部温度设为 10 ℃,右边界绝热。

对于土体的冻结、膨胀行为,采用较为常见的"冷胀热缩"处理方法,即弱化水分迁移这一复杂过程,将土体冻胀作用简化为热膨胀的常规材料。有关软件中提供了一种本构模

型,既包含弹性行为,也包含热膨胀行为,如下式:

$$\varepsilon_{th} = \alpha(\theta, f_\beta)(\theta - \theta_0) - \alpha(\theta_I, f_\beta^I)(\theta_I - \theta_0) \tag{3.3-1}$$

式中:$\alpha(\theta, f_\beta)$ 为热膨胀系数,无量纲;

$\quad\quad \theta$ 为当前温度;

$\quad\quad \theta_I$ 为初始温度;

$\quad\quad f_\beta$ 为当前场变量值;

$\quad\quad f_\beta^I$ 为初始场变量值;

$\quad\quad \theta_0$ 为参考温度。

使用时软件根据用户输入的在某一温度下的膨胀系数 α(割线斜率)计算真实膨胀系数 α'(切线斜率)。根据 $d\varepsilon_{th} = \alpha'(\theta)d\theta$ 得到该温度下材料的应变值。为此,计算时需要明确材料的热膨胀系数 α,以及土体的名义弹性模量 E。

热膨胀系数按渠基土自由冻胀率试验确定。参考蔡正银等[①]的试验结果可知,渠基土在 $0 \sim -5$ ℃间冻胀率增长明显,而在 -5 ℃后冻胀变形基本稳定,因此,计算中认为温度达 -5 ℃后基土冻胀率 η 保持不变,而 $0 \sim -5$ ℃区间内的冻胀率按线性内插确定,根据膨胀系数 $\alpha = \eta/\Delta\theta$,可求得膨胀系数 α。取参考温度(相变温度)$\theta_0 = 0$ ℃,不同温度下渠基冻土的热膨胀系数如表 3.3-5 所示。

表 3.3-5　渠基土热膨胀系数设定

序号	温度(℃)	热膨胀系数
1	0	0
2	−1	−0.001 6
3	−2	−0.003 2
4	−3	−0.004 9
5	−4	−0.006 6
6	−5	−0.008 5

可以根据不同温度的渠基冻土单轴抗压强度,确定不同温度的冻土的弹性模量,如表 3.3-6 所示。

表 3.3-6　渠基土冻结状态下名义弹性模量设定

温度(℃)	0	−5	−10	−15	−20
弹性模量(MPa)	5.5	16.7	43	59	181

① 蔡正银,朱洵,张晨,等.高寒区膨胀土渠道劣化机理[M].北京:科学出版社,2020.

计算时采用"先热后力"的计算策略,即先计算模型的温度场,再将温度场计算结果加载至地应力平衡后的模型中,进行应力-应变场计算。

1. 温度场分布

终态温度场计算结果如图 3.3-17 所示。渠坡及渠底表层的温度梯度大,随着深度的增大,温度梯度越来越小,在接近下边界处温度等值线越接近于水平直线。模拟得到渠底冻深为 0.7 m,渠坡冻深为 1.37 m。接触面的热传导热量按 $q=k(\theta_A-\theta_B)$ 计算,其中 θ_A 为从面温度,θ_B 为主面温度。从图 3.3-17 中可以看出,主面混凝土衬砌的温度主要受边界条件影响,而衬砌下方基土受渠顶温度边界和接触导热界面共同影响,因此造成了不同位置处衬砌上下表面温度不一致,表现为渠顶表层基土温度较渠坡、渠底更低的现象。

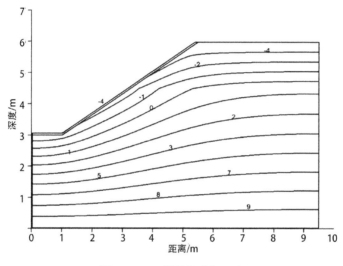

图 3.3-17 渠基温度场示意

2. 整体式衬砌结构的破坏特点

工况 1、工况 1-1 的衬砌下表面所受法向冻胀位移及接触力分布如图 3.3-18 所示,以沿衬砌外法线和方向为正。从图 3.3-18 中可以看出,工况 1 中渠顶表面、渠坡接近渠底 1/3 处以及坡脚附近底板一侧存在较大的法向接触力,而底板中部法向接触力较小;工况 1 处渠坡板与渠底板发生了脱开,导致该点处法向接触力为 0;渠坡板两端所受接触力为负,说明牵引黏滞力发挥了作用,且由于顶部温度较低,这种牵引作用更大;黏滞冻结力的存在使渠坡板两端受到约束,从而产生挤压作用,导致渠坡中部出现较大的冻胀力,但未出现滑移。渠底板靠近坡脚处呈现为冻胀力,而渠底板中部呈现为冻结力,导致渠底中部衬砌与基土共同上抬而在坡脚位置处相互挤压。设置黏滞行为的工况 1 的模拟结果与实践相符,反映了渠道衬砌发生冻胀破坏的力学特性。相比较而言,工况 1-1 中渠坡板均表现为正的冻胀力;渠顶处的法向冻胀力与工况 1 相当,渠坡中部附近冻胀力偏小,而在坡脚处由于挤压作用出现了负的冻胀力。

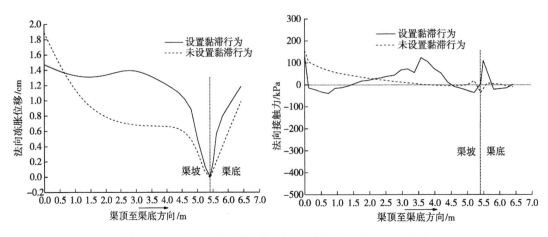

图 3.3-18　衬砌下表面所受法向冻胀位移和法向接触力分布

切向剪应力如图 3.3-19 所示。以沿衬砌下表面渠底至渠顶为正方向,工况 1 中上方渠坡剪应力指向渠底,而下方渠坡剪应力指向渠顶,在渠坡板中部靠近 1/3 处形成分界,导致这一部位衬砌发生较大的法向位移,符合工程原型的破坏特征。相比较而言,工况 1-1 剪应力方向始终由渠底指向渠顶,且渠坡中部剪应力偏小,没有形成对渠道衬砌的约束作用,无法模拟出渠道衬砌冻胀破坏的实际受力特征。

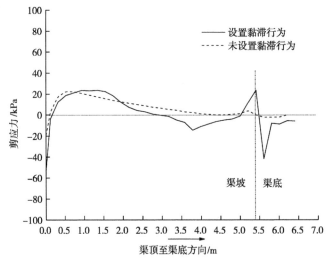

图 3.3-19　衬砌切向剪应力分布

工况 2 整体式衬砌间法向冻胀位移和衬砌剪应力分布如图 3.3-20 所示。从冻胀位移分布中可以看出,衬砌最大位移出现在渠顶表面,为 2.5 cm。渠道衬砌任意位置处均未脱开,渠底板对渠坡板的挤压作用消失,接触界面的黏滞力使渠道衬砌与基土一同变形,这种现象对渠道衬砌抵抗冻胀破坏反而是有利的。然而,根据接触面剪应力曲线,渠道坡脚处存在剪应力突变,因此该处为此类破坏情形的薄弱点。虽然在整体性较好的渠道中,接触界面的黏滞力有利于防止衬砌破坏,但黏滞力较大的接触面基土含水量往往较大,容易诱发水胀破坏,渠道衬砌防渗仍是防治衬砌破坏的必要措施。

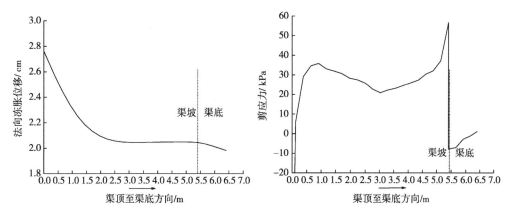

图 3.3-20　整体式衬砌间法向冻胀位移和衬砌剪应力分布

3. 装拼式衬砌结构的破坏特点

工况 3 装拼式衬砌法向冻胀位移和补砌剪应力分布如图 3.3-21 所示。渠底板冻胀位移较小而渠坡板冻胀量较大。渠底板各位置的法向冻胀量基本相同,表现为整体上抬,但上抬位移较小,仅为 0.35 cm;渠坡板最大法向位移位于渠顶,为 4.00 cm,法向位移沿渠顶至渠底方向逐渐减小,并呈"阶梯"状,说明渠坡衬砌板间均出现了一定程度的相对位移。根据剪应力分布可知,衬砌间连接处两侧的接触压力和剪应力均存在突变,且突变幅值沿渠道自上而下衰减,而位于衬砌间接触点的接触压力和剪应力均为 0。对于单个衬砌,靠近渠底一侧的接触力表现为冻结力,而另一侧表现为冻胀力。单个衬砌除受冻结力和冻胀力外,还受衬砌间接触摩擦力约束,最上方渠坡板顶端临空,抵抗冻胀能力最为薄弱,因此冻胀位移最大;下方各衬砌板同时受到两侧衬砌的摩擦约束,由于基土冻胀作用逐渐减弱,因

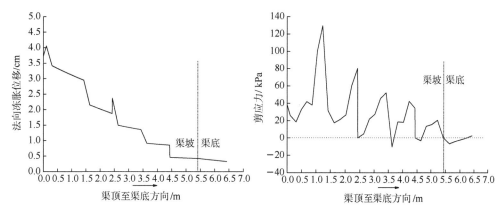

图 3.3-21　装拼式衬砌法向冻胀位移和衬砌剪应力分布

此约束作用逐渐增强，最终呈现出"独立"和"阶梯"状的位移衰减现象。

参考文献

[1] MILLER R. Freezing and heaving of saturated and unsaturated soils[J]. Highway Research Record，1972(393)：1-11.

[2] MILLER R D. Lens initiation in secondary heaving[J]. Proceedings of the International Symposium on Frost Action in Soils，1977(2)：68-74.

[3] NA S，SUN W. Computational thermo-hydro-mechanics for multiphase freezing and thawing porous media in the finite deformation range[J]. Computer Methods in Applied Mechanics and Engineering，2017，318：667-700.

[4] 刘志杰，朱志武，宁建国，等.基于冰颗粒增强的冻土细观动态本构模型[J].高压物理学报，2016，30(6)：477-483.

[5] 于天来，袁正国，黄美兰.河冰力学性能试验研究[J].辽宁工程技术大学学报（自然科学版），2009，28(6)：937-940.

[6] LEE M Y，FOSSUM A F，COSTIN L S，et al. Frozen soil material testing and constitutive modeling[R]. Office of Scientific & Technical Information Technical Reports，Albuquerque，2002.

[7] SIMONSEN E，JANOO V C，ISACSSON U. Resilient properties of unbound road materials during seasonal frost conditions[J]. Journal of Cold Regions Engineering，2002，16(1)：28-50.

[8] 王大雁，马巍，常小晓，等.冻融循环作用对青藏粘土物理力学性质的影响[J].岩石力学与工程学报，2005，24(23)：4313-4319.

[9] 于长一，刘爱民，郭炳川，等.冻土不同拉伸试验强度差异性研究[J].岩土工程学报，2019，41(S2)：157-160.

[10] 常丹，刘建坤，李旭.冻融循环下青藏粉砂土双屈服面本构模型研究[J].岩石力学与工程学报，2016，35(3)：623-630.

[11] 马巍，吴紫旺，张长庆.冻土的强度与屈服准则[J].自然科学进展，1994，4(3)：319-322.

[12] 张雅琴，杨平，江汪洋，等.粉质黏土冻土三轴强度及本构模型研究[J].土木工程学报，2019，52(S1)：8-15.

[13] 李广信.高等土力学[M].北京：清华大学出版社，2004.

[14] 王正中.梯形渠道砼衬砌冻胀破坏的力学模型研究[J].农业工程学报，2004，20(3)：24-29.

[15] 王正中，李甲林，陈涛，等.弧底梯形渠道砼衬砌冻胀破坏的力学模型研究[J].农业工程学报，2008，24(1)：18-23.

[16] 张茹，王正中，陈涛，等.基于非对称冻胀破坏的大U形混凝土衬砌渠道力学模型[D].西北农林科技大学学报（自然科学版），2008，36(11)：217-223.

[17] 李安国.渠道混凝土衬砌的冻害及其防治措施[J].陕西水利，1978(3)：47-73.

[18] 陈涛，王正中，张爱军.大U形渠道冻胀机理试验研究[J].灌溉排水学报，2006，25(2)：8-11.

［19］王正中,沙际德,蒋允静,等.正交各向异性冻土与建筑物相互作用的非线性有限元分析［J］.土木工程学报,1999,32(3):55-60.

［20］王正中,刘旭东,陈立杰,等.刚性衬砌渠道不同纵缝削减冻胀效果的数值模拟［J］.农业工程学报,2009,25(11):1-7.

［21］余书超,宋玲,欧阳辉,等.渠道刚性衬砌层(板)冻胀受力试验与防冻胀破坏研究［J］.冰川冻土,2002,24(5):639-641.

［22］李爽,王正中,高兰兰,等.考虑混凝土衬砌板与冻土接触非线性的渠道冻胀数值模拟［J］.水利学报,2014,45(4):497-503.

［23］孙厚超,杨平,王国良.冻土与结构接触界面层力学试验系统研制及应用［J］.岩土力学,2014,35(12):3636-3641,3643.

［24］孙厚超,杨平,王国良.冻黏土与结构接触界面层单剪力学特性试验［J］.农业工程学报,2015,31(9):57-62.

［25］DUFFIE J A, BECKMAN W A. Solar engineering of thermal processes［M］. 4th ed. New York: Wiley, 2013.

［26］LIU J K, LV P, CUI Y H, et al. Experimental study on direct shear behavior of frozen soil-concrete interface［J］. Cold Regions Science And Technology, 2014, 104: 1-6.

［27］MICHAEL F M. Radiative heat transfer［M］. 3rd ed. New York: Academic Press, 2013.

第四章　渠道表面喷涂防渗技术

以"干-湿-冻-融"为主的水分入渗作用将显著影响渠基稳定。提高工程防渗能力是解决渠道各类破坏问题、提升运行效率和安全的根本途径。目前工程主管单位（部门）在处治渠道渗漏问题时，多以"防排结合"为主要方式，即对渗漏严重的部位采取表面防渗加强处理，同时对沿线渗漏水进行集中抽排。对于表面防渗加强处理，目前水利工程中使用的防水卷材以高分子聚合物类材料为主，近年来，聚脲、丙烯酸等一些高分子民用防渗涂料被用于寒区渠道工程局部表面防渗处理。为进一步提升此类材料的适用性，本章重点介绍防渗涂料的应用场景，以及防渗涂料的相关性质对防渗能力的影响。

4.1　国内外研究现状

水利工程渗漏原因复杂多样。"防排结合、因地制宜、系统治理"是当前各类水利工程局部渗漏的主要理念。在"防"这一层次中，一般根据渗漏水性状，分为"点""面""线"三种情况处理。对于"点"漏水，主要采用直接封堵法和注浆堵水法。对于"线"漏水，如变形缝、施工缝、混凝土裂缝等处的渗漏水，主要采用的也是注浆方法，但对于一些水压较高位置的渗漏水，还需采用堵漏剔槽，加设排水盲沟，外加弹性密封材料封堵的办法。对于"面"漏水，如侧墙、底板处的大面积的渗漏水，最有效且最快速的方法是对结构面后侧进行注浆，同时表面涂抹砂浆防水层或防水涂料。另外，也可直接在结构表面采用刮、刷、喷等工艺，增设附加防水层。渗漏水施工时，场地、时间等限制条件较多。一般而言，直接封堵材料要求凝结速度快，抗渗性好，对基层粘接性好。而涂抹防水层材料要求抗渗性好，凝结固化时间短，能在潮湿基面施工并必须与基层粘接牢固。

近年来，寒区水利工程排水技术得到大量实践，如渠道工程，在输水明渠渠堤、渠底设置了纵横向排水系统，大大缓解了因渗漏导致的渠堤大范围变形现象，但目前还存在抽排效率不高、渠堤渗漏量过大、纵横排管易淤堵等问题。就表面防渗技术而言，目前国内水利工程有关防渗方法较为成熟，标准化程度高。采用沥青混凝土作为面板防渗可以获得较好的防渗效果，但往往伴随着低温裂缝、防渗体尺寸单薄、局部开裂甚至贯通等问题。对于位于地震高烈度区的高拱坝而言,在地震作用下,坝体横缝显著发育,坝面也在高拉应力作用下产生裂缝,这些裂缝为坝体提供了入渗通道,且修补难度较大。对此,国内外已针对有关问题引入聚丙烯酸、聚脲类材料用于表面裂缝及防渗修补,在小湾水电站、锦屏一级水电站等高坝坝工程中取得了良好效果。但对已有材料的极端、瞬时拉伸变形情况考虑较少,工艺配比等大多照搬其他行业方法,缺乏对极端边界条件下防渗土层最佳厚度、最优配比的研究。在寒区水利工程领域,防渗技术往往和防冻胀相关联,以引调水工程输水明渠为例,目前有关防渗防冻胀技术已取得一定成果,材料从单一材料向复合材料、衬砌形式由单一结构向复合结构发展。与大坝工程不同的是,渠道工程边界条件独特,其运行期水流湍急、过流流速大、工程线路长、地质条件分布不一,以及极端气候下产生基土冻融等,导致渗漏情形更为严重。一些改扩建渠道,如北疆供水工程,防渗层采用两布一膜形式,加高后需搭接或粘接新旧防渗膜,由于工艺、材料性能等原因,新旧防渗膜连接处成为防渗薄弱面。若采用相关高分子材料对渠道工程进行防渗修补,需要考虑如下 3 个主要问题:一是防渗层耐久性问题,即大流速、极端低温、强光照等条件下,表面防渗性能是否衰减、衰减程度如何;二是局部绕渗作用对这类喷涂材料粘接性能的影响,即当入渗水由非修补断面反向绕渗至修补部位时,喷涂材料是否会脱落;三是抗拉性能问题,即当渠堤出现不均匀沉降变形后(特别是扩建加高渠道),此类表面喷涂材料能否与渠堤协调变形,需要进一步考虑不同配比、不同工艺集成条件下的材料抗拉性能。

4.2　表面防渗技术应用场景及分析

综合以上分析,采用表面喷涂工艺实现现有渠道工程防渗治理,只需解决防渗材料适用性和处理工艺问题。材料适用性方面,选用成熟适用的防渗材料对于渗漏治理至关重要。一般而言,常利用的防渗堵漏机理有 3 种:一是粘接,即通过注浆材料将裂缝界面粘接;二是填塞,即用注浆材料将裂缝间空隙填满;三是胀塞,即利用注浆材料自身遇水膨胀性质,将裂缝间的空气充填饱满,从而阻断渗水路径。然而,目前双组分丙烯酸水泥防水涂料的使用方法与一般防渗堵漏材料还存在区别。双组分丙烯酸水泥防水涂料在具体实施场景,即将双组分丙烯酸乳液按推荐配比后,对渠道衬砌表面完全涂覆。对于材料的物理性能,除防渗性能以外,应主要考察材料的耐久性,包括该材料的耐热、耐低温、耐强光照、耐酸碱度等。除防渗性能外,该材料的主要力学指标包括拉伸强度、拉伸强度保持率、断裂伸长率、粘接强度、低温柔度等。其中,耐久性通过热处理、紫外线处理、浸水处理、低温处理的相应测试体现。

在表面防渗方式选择方面,对于渠道渗漏问题的处置,通常采用局部修复的方法,即对渗漏明显或衬砌结构出现明显破坏的部位进行涂抹加固。然而,渠道衬砌本身,特别是预制混凝土拼接式衬砌,具有一定渗透性,当新建渠道运行一段时期后,产生渗漏是必然的。因此,使用整体喷涂方式是较为理想的防渗处理措施。

在表面防渗加强处理方面,目前水利工程中使用的防水卷材以高分子聚合物类材料为主,近年来,聚脲、丙烯酸等一些高分子民用防渗涂料被用于寒区渠道工程局部表面防渗处理。但这些材料在水利上的应用与传统工业与民国建筑行业有很大不同。在使用这些材料前,应重点考察在破坏条件下材料的防渗性能韧性。

对材料防渗性能韧性的考察首先是分析渠道在何种情况下会发生破坏,以及危险条件下的应力和变形特征。渠道表面的局部破坏包括运行期局部破坏和冬季停水期局部破坏。运行期局部破坏主要包括水位上升阶段、水位稳定阶段以及水位下降阶段3个阶段,其中水位下降阶段为最不利工况,类似于水库放水,此时渠道边坡稳定系数是最低的。

图4.2-1为北疆供水工程典型断面在整个通水期的渠坡变形情况。该断面总高7.5 m,为全挖方渠道,坡比1:2.5,衬砌为预制混凝土六棱块,衬砌下方设置两布一膜防渗,未做其他表面防渗处理;渠道位移计埋设在防渗膜下方,为自主研发的整体式位移计,变形方向沿渠坡斜面。北疆供水工程自4月17日通水,10月13日停水。可以清晰得地看出,一方面,整个通水期渠道边坡整体呈现为顶部受拉,底部、中部受压的状态。该断面渠道最高运行水位为5 m。最大受拉变形为渠道顶部水面线上方,为2.3 mm,最大受压变形

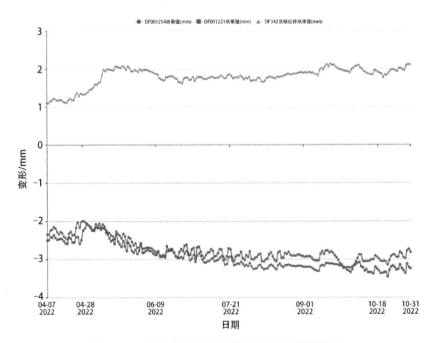

图4.2-1　通水期渠坡变形情况(方向沿渠道衬砌)

为渠道底部弧底交界处,为 3.4 mm。另一方面,渠道顶部的受拉变形随水位升高而增大,水位达到最大运行水位后变形值趋于稳定。渠道底部的受压变形则是在水位达到稳定阶段后仍持续增长,其中 9 月中旬渠道内水位进入下降阶段,受压变形进一步增大并达到峰值。

实践表明,运行期的渠道破坏以渠道边坡失稳为主,包括浅层滑塌及整体滑坡,通常与渠水入渗后渠基的性状改变有关,表现为增湿、膨胀变形,进而整体失稳,此类破坏将导致渠道衬砌发生大规模塌方。此类破坏属于"失效",通常需要对断面进行整体修复,此时再考察防渗膜表面的韧性,不具有现实意义。

进入冬季后,渠道内部本身不存水,渠基则易在低温条件下发生冻胀,图 4.2-2 记录了该断面整个冬季的变形情况,变形方向仍然沿渠坡,受拉为正,受压为负。可知,渠道顶部在冬季发生了受拉变形,变形程度相较运行期大,而渠坡中部 1/3 处也由运行期的受压变形转为受拉变形,说明此时渠道发生了一定规模的冻胀变形。

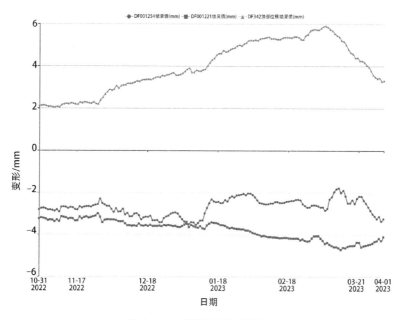

图 4.2-2 渠道冬季变形情况

理论上,弧形底梯形渠道混凝土衬砌结构的法向冻胀力分布图和切向冻胀力分布示意图如图 4.2-3 所示。渠道混凝土衬砌板最不利破坏是在冻胀力作用下弯曲开裂,开裂程度受混凝土抗拉设计强度控制。渠道边坡的最大冻胀变形在弧底与梯形交界处(约渠坡距渠底 1/3 处),图 4.2-3 中渠道顶部的拉伸变形值较渠道中部大,原因可能与冻深有关。而在渠底及坡脚土体受挤压作用强烈。衬砌结构刚度较土体大,结构整体性较强,限制了土体的不均匀冻胀,而衬砌渠道冻胀量小于渠基土最大冻胀量且大于渠基土最小冻胀量,因此,渠基土不均匀冻胀对衬砌结构产生不均匀冻胀力,使衬砌结构各部位冻胀位移方向与大小不同。但因衬砌结构的整体性强,渠基土冻胀与衬砌位移并不同步,造成渠底衬砌结构与土体脱空,悬空衬砌受渠坡衬砌拖曳作用和重力作用产生偏心受拉,这是导致衬砌结构发生张拉与弯折破坏的根源。那么,若防渗材料大面积涂抹在渠道衬砌表面,在保证法向粘接强度的前提下,则冬季该材料与衬砌一道参与受拉作用。

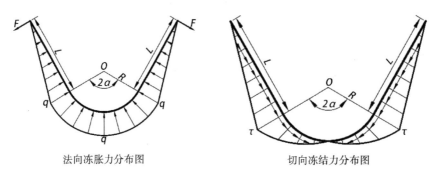

法向冻胀力分布图 切向冻结力分布图

图 4.2-3 渠道冬季衬砌法向冻胀力和切向冻胀力分布示意

已建渠道衬砌混凝土多为 C20(新编规范中要求渠道衬砌材料所用混凝土标号有所上升),该材料的理论抗拉强度设计值为 1.10 MPa 左右。理论上喷涂材料的抗拉强度不低于衬砌材料的抗拉强度设计值,即可保持渠道在受冻胀作用下的协调变形。另外,衬砌材料为刚性,喷涂材料为柔性,衬砌发生顶破断裂后,防渗喷涂材料受拉伸作用,当材料具有一定拉伸伸长率时,可使断面恢复而不再需要重新喷涂。如图 4.2-4 所示,拉伸伸长率可按下式计算:

$$\frac{\Delta l}{l} = \frac{\sqrt{\left(\dfrac{L}{2}\right)^2 + h^2} - \dfrac{L}{2}}{l} \tag{4.2-1}$$

式中:Δl 为伸长量,m;

L 为衬砌板计算原长度,m;

h 为该处的冻胀量,m。

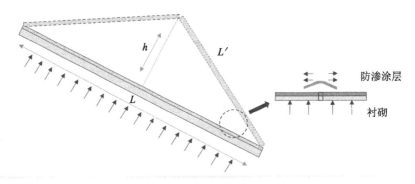

防渗涂层

衬砌

图 4.2-4 整体式衬砌结构中防渗涂层的受力和变形特征

以第 3 章中的工况计算,对于整体式衬砌,法向最大冻胀量 h 为 160 mm,计算长度 L 取 5.5 m,则伸长率为 0.4%。那么该防渗材料在粘接强度保证的情况下,伸长率大于冻胀引起的衬砌伸长量,便可保持与衬砌协调变形,以至于不需要重新喷涂。对于预制衬砌板,其抵抗冻胀的抗拉强度主要由伸缩缝承担,往往冻胀变形较整体式衬砌板更大。根据现行标准《水工建筑物抗冰冻设计规范》(SL 211—2006),有关规定,浆砌石允许冻胀变形量最大值为 5 cm,即便产生了如上述的最大冻胀变形值(160 mm),此类高分子材料仍然可以满足在产生冻胀变形后的变形协调性。

根据上述分析,选用柔性材料是较为理想的,但前提是必须保证材料与衬砌粘接牢固,这就需要考察材料的粘接性能。喷涂材料的粘接好坏与否直接关系到其防渗性能和抗变形性能。通常,材料的粘接性能由粘接强度表征,与材料本身以及其边界条件密切相关。如前述,大流量、低温、强光照等因素是寒区输水渠道边界条件的主要特征,这些条件贯穿着"湿-干-冻-融"耦合作用。以北疆供水工程某干渠为例,该工程位于准噶尔盆地腹地,其通水特征及主要环境边界条件如表 4.2-1 所示。

表 4.2-1 北疆供水工程某干渠通水特征及主要环境边界条件

序号	名称	指标描述或特征值	对应测试方法
1	通水时间	每年 4 月至 9 月	拉伸强度测试(抗冻胀)
2	过水流量	最大 90 m³/s	抗冲磨测试
3	极端低温	−45 ℃	低温处理测试
4	极端高温	40 ℃	热处理测试
5	强光照	持续日照时间 1 500 h	紫外线处理测试

根据上表可知,对于防渗材料在寒区渠道工程的使用,应重点关注过水条件,以及极端环境下的材料粘接性能和变形协调能力。

4.3 高分子聚合物水泥防水涂料的应用效果分析

4.3.1 丙烯酸聚合物材料的基本性质

聚合物水泥防水涂料是一种由聚合物乳液和水泥相互结合而成的防水涂料,即有机材料和无机材料的复合,属表面柔性防渗技术,具有高强柔性、抵抗开裂能力强、耐水性耐候性耐久性优异、施工效率高、无毒无害、绿色环保节能等特点,近些年成为防水涂料发展的热点,是目前我国重点提倡和推荐的绿色环保型防水材料产品。本书中的表面柔性防渗技术均指丙烯酸聚合物水泥防水涂料。

1924 年，Lefebure 率先提出了用聚合物对水泥砂浆和混凝土进行改性，对于防渗材料的发展具有重要的意义①。在此之后，聚合物水泥防水涂料得到了快速的发展，但各国对于聚合物水泥的研究起步大不相同。在 20 世纪 50 年代初，日本最早将聚合物水泥用于船舶涂盖材料，后来逐渐扩展应用到土木工程领域。在 20 世纪 90 年代初，我国才开始研制和发展聚合物水泥防水涂料，随着其研究水平的进一步提高，新型聚合物水泥防水涂料凭借优良的特性而得到广泛应用。

现有市场聚合物乳液种类繁多，例如聚丙烯酸酯乳液、乙烯-聚醋酸乙烯乳液、丁苯乳液、苯丙乳液、聚醋酸乙烯酯乳液、硅丙乳液、氯偏乳液等。其中对于防水性能和断裂延伸率而言，聚丙烯酸酯乳液与水泥结合配制而成的防水涂料，能较好地满足防水涂料的基本要求。当前聚丙烯酸酯乳液在建筑市政领域中得到广泛应用，但在长距离输水渠道等水工建筑物中应用较少，技术就绪度还不足。某双组分丙烯酸水泥防水涂料主要技术指标如表 4.3-1 所示。

表 4.3-1　某双组分丙烯酸水泥防水涂料主要技术指标

检测项目		技术指标				检测结果			
		1A	1B	2A	2B	1A	1B	2A	2B
不透水性		0.3 MPa，30 min 不透水				0.6 MPa，180 min 不透水			
拉伸强度（MPa）		≥1.2		≥1.8		2.1		1.5	
拉伸强度（浸水处理后）		0.96		0.96		1.5		1.5	
断裂延伸率（%）		≥200		≥80		291		117	
老化后拉伸强度保持率（%）	热处理	≥80				107		115	
	紫外线	≥80				104		99	
	碱处理	≥70		≥80		106		101	
老化后断裂伸长率（%）	热处理	≥150		≥65		176		96	
	紫外线	≥150		≥65		192		117	
	碱处理	≥140		≥65		182		131	
粘接强度（MPa）		≥0.5		≥0.7		0.9		1.2	
低温柔度，10 mm 棒		−20 ℃ 无裂纹	−20 ℃ 无裂纹	−5 ℃ 无裂纹	−10 ℃ 无裂纹	−20 ℃ 无裂纹	−20 ℃ 无裂纹	−5 ℃ 无裂纹	−10 ℃ 无裂纹

4.3.2　成分与反应机理

聚合物水泥防水涂料是一种兼有挥发固化（volatilization curing）和反应固化（reaction curing）双重特点的涂料。其成膜机理（film-forming mechanism）是将聚合物乳液和水泥粉

---

① LEFEBURE V. Improvments in correlating to concrete, cement, plasters and the like: UK, 217279[P]. 1924-06-05.

料以一定配比混合,在搅拌过程中聚合物微粒与水泥颗粒之间形成一种包覆和被包覆的关系。一方面,聚合物乳液中的部分水分挥发,造成高分子微型颗粒脱水,使多个高分子微粒黏结在一起,最终形成一个具有完整连续性的弹塑性薄膜;另一方面,粉状水硬性无机胶凝材料会吸收聚合物乳液中的另一部分水分,产生水化反应,随着水化凝结的继续,水泥逐渐固化硬化,此外在水化反应期间还与有机高聚物链一起构成具有互穿网络特性的防水涂膜结构,此类结构可加快固化成膜的速度。聚合物与水泥之间的化学相互作用主要通过离子键来实现,如下式:

$$n\text{P—COO}^- + \text{Me} \longrightarrow (\text{P—COO})_n\text{Me} \tag{4.3-1}$$

（聚合物乳液）（水泥水化物）（聚合物水泥涂膜）

上述反应生成的$(\text{P—COO})_n\text{Me}$聚合物水泥涂膜新体系,是一种致密的高弹性高强度复合材料。当聚合物乳液与水泥混合时,通过搅拌使聚合物颗粒均匀地分散到水泥浆体中。在水泥碰到水的时候,就会发生水化反应,Ca(OH)_2溶液迅速达到过饱和状态,并且析出晶体,同时产生钙矾石晶体和水化硅酸钙凝胶体,从而聚合物乳液中的颗粒在未水化的水泥颗粒和凝胶体上沉积。随着水化反应的持续进行,水分的消耗越来越多,水化产物不断增加,在毛细孔中聚合物颗粒渐渐集聚且仅能填充部分毛细孔,从而在未水化的水泥颗粒上和凝胶体表面生成致密的堆积层,其覆盖的聚合物颗粒不能完全充满毛细孔内表面。随着水发反应的持续进行和水分的进一步减少,聚合物颗粒凝聚在孔隙中和凝胶体上,紧紧堆积,并且产生一个连续完整的薄膜,从而产生聚合物与水泥互相贯穿的混合体,致使水泥水化产物与骨料之间胶结在一起。因为聚合物水泥防水涂料的水化产物在界面层表面形成了覆盖层,从而可能会对钙矾石和Ca(OH)_2晶体的生长产生影响,此外还因为聚合物乳液和水泥在界面过渡区的孔隙中凝聚形成涂膜,使其更为紧密,从而使聚合物水泥防水涂料的防水性能提升显著。此外,聚合物分子中还存在活性基团,活性基团会与水泥水化反应产生的Ca^{2+}和Al^{3+}产物等进行交换发生交联反应,从而形成桥键,在一定程度上能够改善水泥浆硬化体的物理结构,降低整体的内应力,使产生微裂纹的可能性大大减少,从而提升聚合物防水涂料的防水性能和致密性。

聚合物水泥防水涂料通过聚合物乳液和水泥材料巧妙结合,形成了具有良好防水性能的涂膜,其主要成膜物质是聚合物乳液和水泥,其聚合物相与水泥相相辅而行,交织固化。最终所形成的结构为互穿网络结构,不仅拥有有机高分子材料高度交连的柔性网络,同时还拥有无机胶凝网络结构。无机硅酸盐材料具有强度硬度大、黏结力强、防水性能好和抗老化能力强等特点,聚合物水泥防水涂料不仅继承了上述优异性能,还将有机高分子材料结构封闭性强、高强柔性、产品易涂刷的优点也吸收了进来,从而使刚柔相济的防水观念得到很好的体现。

4.3.3 聚合物水泥防水涂料的防水机理

现有的防水涂料防水机理（waterproof mechanism）有两种主要类型,一种是通过形成完整的涂膜来阻挡水分子的渗透或水的透过,另一种则是通过涂膜自身的憎水作用来起到防水的作用。聚合物水泥防水涂料属于第一种类型,其通过聚合物水泥涂膜来阻挡水分子的渗透或水的透过。很多聚合物水泥高分子材料在涂抹干燥后均可以形成完整且连续的涂膜,但涂膜内高分子固体的分子之间总存在一些间隙,这些间隙的宽度大概有几十纳米,而单个水分子的直径约为 0.4 nm,按常理来说,水分子完全能够从间隙中穿过。但由于液态水分子之间间距较小,能够形成氢键,在水分子之间出现缔合现象,从而形成一个较大的水分子团。所以,液态水分子很难穿过高分子固体之间的间隙,这就是聚合物水泥涂膜起到防水功能的主要原因。

本书选取的双组分丙烯酸水泥防水材料由高分子丙烯酸酯乳液(A料)和固体水泥基粉料(B料)组成。A料的主要成分为单体、水、乳化剂和引发剂,以及其余助剂如分散剂等。B料的主要成分可以从图 4.3-1 的 X 射线衍射图谱分析得出。通过与 X 射线标准衍射图谱进行比对,得到 B 料的主要成分为包含碳酸钙镁、碳酸钙、氧化钙、硅酸钙、白云石和钙镁铝氧化物的混合无机盐。从主要晶面的 X 射线峰图可知,其晶粒尺寸均大于 100 nm,成分为天然矿石或者煅烧过程所得无机盐。因此固体料(B料)主要作用应该为结构增强类填料。

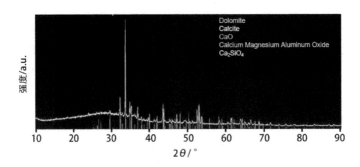

图 4.3-1　固体粉料的 X 射线衍射图谱

4.3.4　产品应用效果分析

考虑到北疆供水工程渠道用水水质质量较好,因此在耐酸碱度方面可以适当弱化,重点考察材料耐高低温,以及强紫外线条件下的物理性能。本书根据现场实测,结合数值计算,考察了北疆供水工程已取得应用的丙烯酸水泥防水涂料在供水干渠的防渗效果(图 4.3-2)。

1. 平面问题的数值计算

针对防水涂料施工后渠道渗流场、变形场和稳定性进行数值模拟计算,计算模型同第 3 章所述,其中防水涂料的渗透系数设定值远大于衬砌。图 4.3-3 为运行期水位最高时渠道渗流场,对应渗漏风险最高时的工况,可以看出进行表层涂料施工后,弥补了衬砌勾缝和土工膜破损后的渗漏通道,渠基表层内渗透压小于 0,为非饱和状态,渗水量可以忽略不计。

图 4.3-2 北疆供水工程干渠的现场防渗

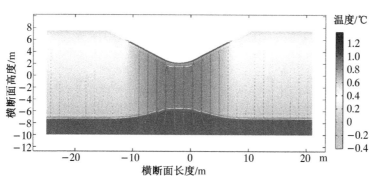

图 4.3-3 运行期水位最高时渠道渗流场

（图 4.3-3～图 4.3-7 彩图见二维码）

图 4.3-4 为冻结期最大冻深时刻渠道冻胀变形场。可以看出，由于冻深原因，冻结期主要变形集中在坡顶，而渠坡衬砌附近土体非饱和，孔隙冰体积小于孔隙体积，土体几乎不发生冻胀变形，而是因温度降低有体积收缩的变形，渠道整体向下变形，渠道衬砌结构及土工膜受压而无拉力，因此保护了土工膜后续不被继续拉力破坏。

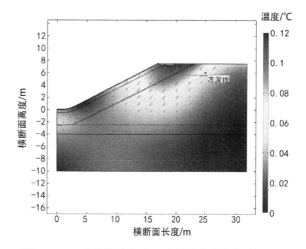

图 4.3-4 冻结期最大冻深时刻渠道冻胀变形场

2. 考虑纵向水流和设置排水体对表面喷涂防渗影响的数值计算

进一步地,将渠道沿水流方向展开,建立三维渠道渗漏特征数值模型,重点考察设置防渗喷涂的断面与未设置表面防渗喷涂断面相邻的情况(即上游断面不喷涂防渗材料,下游喷涂)。为降低分析计算成本,以 xz 平面为对称面构建渠道的一半,即右岸模型,其中右侧坡为迎水坡。以 x 轴正向为渠道水流方向,其中 $x=-50\sim0\,\mathrm{m}$ 范围内为无防渗涂层段, $x=0\sim100\,\mathrm{m}$ 范围内为防渗涂层段(深棕色部分)。渠底中心 1 m 深处有厚度 1.5 m、宽度 2 m 的排水体(绿色部分),同样采用对称建模。模型左侧坡为背水坡,背水坡坡脚向左和渠底向下延伸(土黄色部分)为根据实际地形高程所建的原始地面和地基(图 4.3-5)。

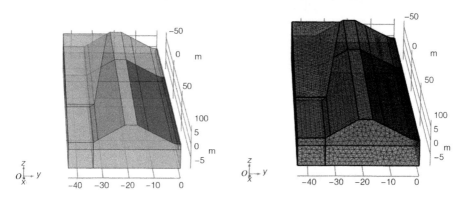

图 4.3-5　最大冻深期渠道变形场

本书的计算分别考虑渠道下方地基渗透特性,分为透水和不透水两类条件,透水地基土体渗透系数大于渠道堤身土体,用于模拟现场沙砾石透水层地基。不透水地基渗透系数小于渠道堤身,用于模拟现场渠道底部存在泥岩隔水层的情况。此外,为研究排水体在渗漏中的作用,分别设置排水体通畅和堵塞两类工况。模型计算方案如表 4.3-2 所示。

表 4.3-2　模型计算方案

计算方案	控制变量
渠道水深	不同水深
地质条件	强透水地基
	不透水地基
纵向排水体	堵塞
	畅通

(1)透水地基排水良好、排水体封堵渠道

如图 4.3-6 所示,对于良好的透水地基、排水体畅通的情况,渠道在未防渗段的渗漏水迅速通过排水体进入透水沙砾层地基中,浸润线低于地面,渠道外坡无散浸现象。

当排水体堵塞后,渠水由无防渗段迎水坡入渗,分别向下游渠堤和渠底地基渗漏,相比有排水体的情况,浸润线升高,地下水位升高,渠底下方存在含水层,但是仍然无表面散浸情况发生。

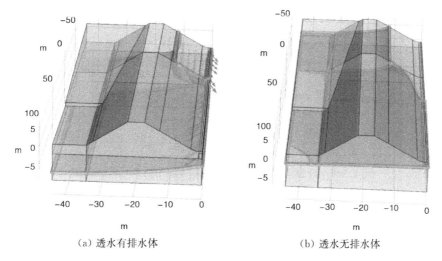

(a) 透水有排水体　　　　　　(b) 透水无排水体

图 4.3-6　渠道浸润线

(2) 不透水地基排水良好渠道

如图 4.3-7 所示,当渠道下方存在泥岩隔水层时,渗漏水无法下排,由无防渗段迎水坡进入的渠水一部分进入排水体,造成排水体内渗透压力升高,导致排水体内水外渗进入下游渠堤,此时,下游防渗段虽然无直接的渠水入渗,但是浸润线升高,并在低洼处逸溢(图 4.3-8)。此外,未防渗段($x=-50\sim0$ m 处)入渗水导致渠身浸润线升高,导致渗漏水沿渠堤向下游防渗段渠堤绕渗,此时会造成防渗段渠坡后低洼处散浸(图 4.3-7)

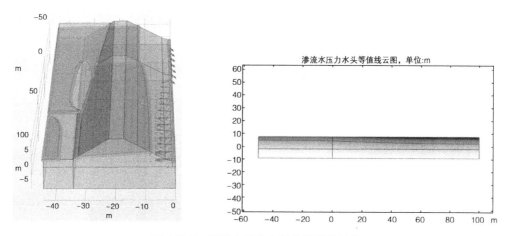

图 4.3-7　不透水排水良好的渠道浸润线

根据上述分析可知,对于下游设置表面喷涂防渗而上游未设置的渠道,一方面,可能存在渗漏水沿渠堤向下游防渗段渠堤绕渗,会造成防渗段渠坡后低洼处散浸的情形。另一方面,上游发生绕渗后,下游断面渠道内水头偏高,当处在降水期后,渠道排水体米不及排水,

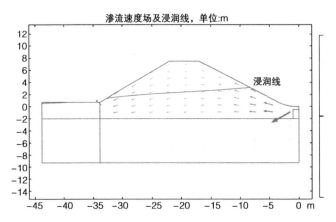

图 4.3-8　设置防渗涂层处的渠道断面渗流速度场及浸润线

那么在喷涂与未喷涂连接处将存在"内水外渗"情形,即水压力透过衬砌直接作用在防渗材料和衬砌粘接面上。

本书研究团队在北疆供水工程某渠段进行了实测,该断面情况与前述三维计算相同(渠顶高于水面 1.8 m,马道宽 5 m,渠内坡比 1:2,渗漏出水区域在布设 LEAC 丙烯酸聚合物水泥防渗膜区域内)。已知此渠段的坡后为阶梯状地势,在较低洼区域坡脚出现渗漏,且渗漏量较大,断面渗漏明水在坡后 5 m 外,在水面线下 4.7 m,水深大约为 0.5 m,如图 4.3-9 所示。在出现渗漏区域的上下游地势均高于此区域,为探究渗漏原因,在现场调研时在出水区域的上下游选点进行人工钻探。上游渗漏探测点出现饱和水位置距水面 4.0 m,下游渗漏探测点出现饱和水位置距水面 4.1 m。在渗漏区域渠道背水坡中部打孔探测,通过芯样分析发现,水下 2.7 m 处已出现饱和土。上游探测位置在渠内防渗膜上游始向下游侧 100 m 处,渗漏区

图 4.3-9　北疆供水工程某渠段渗漏区现场检测位置说明图

域距离探测点 400 m。渠内底膜后水位距水面 5 m,膜后水位与坡脚基本在同一高度。尽管渠坡内布设了有限长度的防渗膜,但在渠底有竖向排水体,距渠内水面 6.5 m,与渗漏产生区域水面高度相差 1.8 m,水平距离约 30 m,且竖向排水与渗漏区之间缺少防渗膜。渗漏区水位高于渗漏区域近 6 m,水平距离约 300 m,发生了典型的渠坡绕渗现象。

4.4　高分子防渗材料的优化集成

在使用丙烯酸水泥防水材料定型产品的基础上,本书从耐久性(韧性)、经济性等角度考察不同配比下丙烯酸水泥防水材料的物理、力学性能,并分析其机理,在此基础上提出相应的优化措施。

4.4.1　不同配比下的材料特性测试

1. 试验设计

依据前述边界条件特征,兼顾经济适用性,采用宏观物理力学性能测试＋微观特征测试相结合的方式考察丙烯酸水泥防水材料的适用性。宏观物理力学性能测试包括 3 种性能测试:一是拉伸性能测试,满足输水渠道在变形、失稳等不利工况下的变形要求;二是抗冲磨性能测试,用以检测大流量条件下的材料表面抗冲磨性能;三是界面粘接性能测试,用以考察丙烯酸水泥防水材料本身的粘接性能,以及在渗水条件下的粘接强度。试验方案如表 4.4-1 所示。需要说明的是,由于渠道通水时间在每年 4—10 月,因此,仅考虑浸水处理后的抗冲磨特性。

表 4.4-1　试验方案

序号	试验名称	测试内容	配比	参考规范
1	拉伸性能测试	浸水处理	A∶B 料掺比	GB/T 16777—2008
2		热处理	1∶1	—
3		低温处理	1∶0.7	—
4		紫外线处理	1∶0.5	—
5	渗透性能测试	迎水面测试	1∶0.25	—
6		背水面测试	—	—
7	粘接性能测试	浸水粘接性能	—	—
8		高水头作用粘接性能	—	—
9	抗冲磨性能测试	抗冲磨性能	—	DL/T 5150—2017

在宏观力学性能测试的基础上,利用扫描电子显微镜(SEM)对典型试样进行微结构分析(图 4.4-1)。

图 4.4-1　典型试样效果图

2. 试验结果分析

(1)宏观物理十力学性能测试

① 拉伸性能测试

拉伸性能测试采用万能试验机完成,试验完成后取有效试样的试验值,并取其平均数,哑铃型试样厚度(2.0±0.4) mm。浸水处理后材料的拉伸性能测试结果如图 4.4-2 所示。其中 1:1 试样接近该产品的出厂技术标准要求,当粉料减少后 1:0.75 试样的拉伸强度仍接近于原产品,1:0.25 试样的拉伸强度下降至原产品的 71.9%,但拉伸伸长率提升了近 2 倍。

抗老化拉伸性能测试结果如图 4.4-3 所示。参照《聚合物乳液建筑防水涂料》(JC/T 864—2023),其中热处理温度 80 ℃条件下 200 h,低温处理−45 ℃条件下 200 h,紫外线处理 1 500 h。测试方法同浸水拉伸测试。可见,不同配比的材料经老化处理后的拉伸强度均较常态有所下降,其中低温处理下降明显,最低值为 1:0.25 试样,拉伸强度下降至 1.18 MPa。

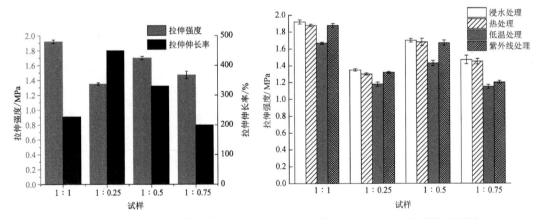

图 4.4-2　浸水处理后材料的拉伸性能测试　　**图 4.4-3　抗老化拉伸性能测试**

不同配比的材料拉伸强度保持率如图 4.4-4 所示。可以看出,一方面,常规浸水条件下,当粉料比例下降时,材料拉伸强度保持率存在下降,1:0.5、1:0.75 两种配比的拉伸强度保持率达到了 80%以上。另一方面,材料在恶劣环境作用下的拉伸强度保持率较常规条件下略有下降,其中热处理、紫外线处理条件下下降较少;低温处理条件下下降较为明显,但 1∶0.5、1∶0.75 两种配比的拉伸强度保持率仍能保持在80%左右。

② 渗透性能测试

渗透性能采用 SS-25 型水泥土渗透试验装置进行,制作底部直径为 80 mm、高 30 mm 的空心砂浆试样,养护72 h 后再在空心试样间充填透水混凝土

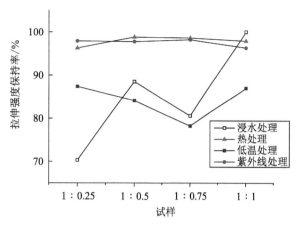

图 4.4-4　不同配比的材料拉伸强度保持率

(石子∶水泥∶水=3.5∶1∶0.4),用以模拟渠基内部及衬砌接缝处,养护完成后在试样表面贴一层滤纸,并将防渗涂料按试验设计的配比涂抹在表面,如图 4.4-5 所示。试验采用快速加载法,初始加载压力 0.05 MPa,每级加载压力 0.1 MPa,相应稳压时间 10 min,分迎水面加载和背水面加载,分别考察常规情况,以及"内水外渗"情形下试样的渗透破坏压力。特别地,增加纯 A 料以及 A 料稀释 1 倍的试样,用来考察 B 料对材料防渗性能的有益效果。

图 4.4-5　渗透性能测试

不同配比情况下试样破坏时对
应的渗水压力如图 4.4-6 所示。可
以看出,迎水面所有试样在破坏时对
应水头为 8 m 左右,其中纯 A 料效果
最佳,对于输水渠道而言,该种材料
在迎水面可以很好地抵御大型渠道
中的高水头压力。然而,当背水面施
加 1 m 水头压力后,所有试样均发生
渗水直至顶破击穿。可见,在深挖方
渠道使用该类材料,当渠基内部水头
偏高时,表面防渗层易在衬砌接缝处
发生反向渗透击穿破坏。另外,试验

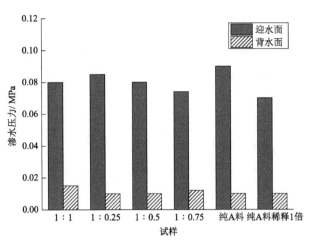

图 4.4-6 不同配比情况下试样破坏时对应的渗水压力测试

表明改变 B 料的用量对材料的防渗性并无直接影响。

③ 粘接性能测试

粘接性能测试主要考察材料浸水后界面粘接性能,以及在输水渠道运行过程中,高水
头作用引起的粘接能力的丧失。如前述,此类情形主要来自常规水头作用的"外水内渗"
(测试时水头边界位于防渗界面外侧),以及高边坡绕渗引起的"内水外渗"(试验中水头边
界位于防渗界面内侧)。

常规浸水粘接性能采用八字膜测试,特别地,增加一组不添加粉料的粘接强度测试。
高水头作用下的粘接性能测试,制样时取混凝土标准试块(半圆形)用于模拟渠道现浇混凝
土衬砌,将两块试块拼接,试块间浇筑透水砂浆以模拟接缝,接缝宽度 15 mm,涂层厚度 5
mm(含加筋布),用于模拟实际渠道工程中的预制六棱块衬砌。试样表面自上而下分别为
防渗涂料、加筋布、界面剂(A 料∶水=1∶1)。抗冲磨测试试样的制备及养护按照有关规
范执行,部分试验制样情况如图 4.4-7 所示。

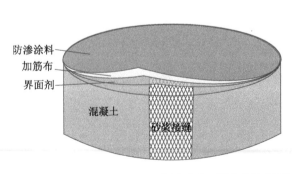

图 4.4-7 高水头作用下的粘接性能测试试样

浸水粘接性能测试试验结果如图 4.4-8 所示。可以看出经过潮基处理后的该种材料粘接性能略有下降,但都大于 0.4 MPa,其中 1:0.5 配比的试样粘接强度仍能达到 0.5 MPa。而且,从纯 A 料的测试结果看,粉料对该产品的粘接性能有一定促进作用,但粘接性能主要取决于乳液。

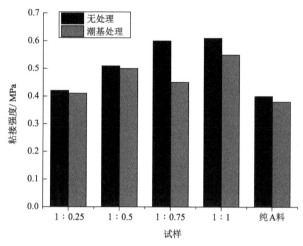

图 4.4-8 浸水粘接性能测试结果

高水头作用下材料粘接性能测试结果如表 4.4-2 所示。在外水内渗工况下各组试样的最大渗透压力较为接近,达到了 0.44~0.45 MPa,破坏时最终形态除 2 号试样防渗涂层被刺破外,其余防渗涂层表面均未发生显著破坏。测试过程中,2 号试样在水压力加至 0.25 MPa 时表面出现凹痕,此后加载并逐步沿砂浆接缝处出现裂缝,最终刺破(破坏后试样如图 4.4-9 所示)。此外,破坏时渗透压力较渗透性能测试中高,与设置加筋布和界面剂有关。对于内水外渗工况,最大破坏终止水压力为 5 号试样 0.15 MPa,其余试样在 0.1 MPa 左右。试样破坏后表面析盐现象严重,推测界面剂(A 料稀释 1 倍)与混凝土的粘接性能基本失效。

表 4.4-2 高水头作用下材料粘接性能测试

试样编号	工况	配比	试验终止时渗透压力及时间	破坏及描述
1	外水内渗	1:1	0.45 MPa,>8 h	试样周边泌水,逐步深入中部砂浆
2		1:0.3	0.43 MPa,>8 h	防渗涂层刺破,中部砂浆泌水
3		1:0.5	0.44 MPa,>8 h	试样周边泌水,逐步深入中部砂浆
4		1:0.7	0.45 MPa,>8 h	试样周边泌水,逐步深入中部砂浆
5	内水外渗	1:1	0.15 MPa,4 h	防渗涂料与加筋布交界面出水
6		1:0.3	0.1 MPa,3.6 h	涂料鼓包,胀坡出水
7		1:0.5	0.12 MPa,4.5 h	试样接缝处鼓包胀破
8		1:0.7	0.11 MPa,4.1 h	试样接缝处鼓包胀破

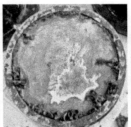

图 4.4-9　试样破坏后示意

④ 抗冲磨性能测试

抗冲磨测试采用水下钢球法，转速 1 200 r/min，试验时间 72 h。试验完成后观察表面形态并计算磨损量，如图 4.4-10 所示。可以看出，冲刷后所有试样的防渗层都出现了不同程度的磨损。试验结果如表 4.4-3 所示，所有数据均为平均值。试验结果表明，该柔性材料抗冲磨效果良好，即便降低 B 料的使用，也满足要求，随着 B 料填充量的增加，会造成涂层表面磨损量的增加，破裂的程度上升。

图 4.4-10　抗冲磨性能测试

表 4.4-3　抗冲磨性能测试结果

序号	试样配比(A：B 料质量比)	1：1	1：0.75	1：0.5	1：0.25
1	磨损率	0.119	0.277	0.301	0.338
2	磨损量(m^2)	0.02	0.04	0.065	0.13
3	抗冲磨强度(MPa)	181.74	127.17	78.26	39.13

3. 微观特征测试

(1) 表观特征

首先对 4 组配比试样以及纯 A 料和界面剂(A 料稀释 1 倍)成型试样行扫描电子显微镜(SEM)测试。涂料涂敷在直径 250 mm 并垫有滤纸的水泥原型模具上。可以看出，纯 A 涂料聚合后能够致密地包覆在滤纸的表面(纤维状物质)，没有发现滤纸与涂料之间的分离。从更高倍数的放大图像图 4.4-11(b)～(d)可以看出表面的包覆致密，没有出现微米级别或者纳米级别的缺陷。A 料稀释过后表面的包裹仍然完全，并不影响丙烯酸涂料对水泥的包覆。

对于 1：0.25 的试样，图 4.4-11 中白色点即为粉料成分，颗粒大小约为 1 μm，并且均匀分散在丙烯酸涂层中。此外，试样还出现了 10～100 μm 的椭圆形孔道，孔道主要是在涂覆过程或者聚合过程中由于增加固体后浆料的黏度上升而产生。因此，B 料的含量对浆料黏度的改变是影响涂料包覆完整的关键因素。

B料配比从 1∶0.25 增加到 1∶0.5 时,表面出现了更多不规则圆孔,孔的直径从 10 μm 增加到约 50 μm。而从水泥粉(B料)的形貌可以看出,部分水泥粉出现了团聚,这些团聚源于在配置与涂覆中颗粒分散难度上升过程。尽管实验过程已经进行充分的搅打,但仍然无法提升无机颗粒在有机物中的均匀分布性。

B料配比进一步提升至 1∶0.75 时,可以看出除了孔隙数量的增多,其表面从平整变为粗糙,并且出现了 1～5 μm 的凹洞。这进一步反映了涂料黏度变大后涂覆的不均匀性。并且由于丙烯酸的量减少,最终涂层逐渐由"涂层嵌入填充材料"变为"涂层对填充材料的包裹"。

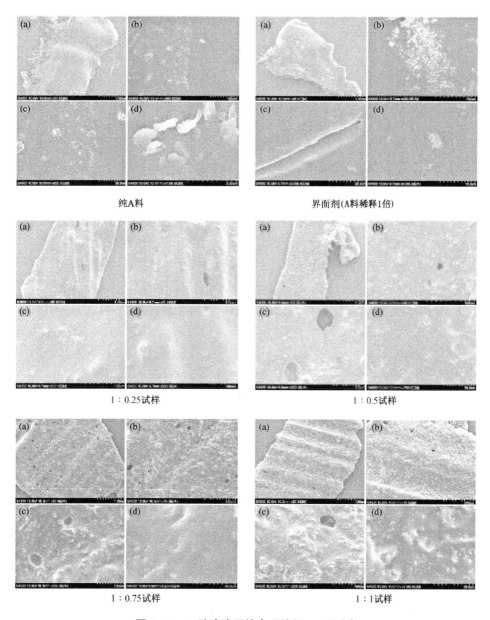

图 4.4-11　防渗涂层的表观特征 SEM 测试

117

B料继续增加到1∶1,涂层的表面粗糙性进一步增强,表面凹洞增加。这些凹洞和固体填充物的突起会在大流量冲刷中造成纳微界面处流体动量的损失,以及增加流体与固体在界面处不同方向的作用力。

(2)拉伸断口特征

防渗涂层在浸水处理拉伸试验后断口处的 SEM 测试结果如图 4.4-12 所示。1∶0.25试样在拉伸过程中并没有出现较大的断裂纹,断面平整。这说明此时水泥粉可以良好地分散在丙烯酸内部,不会因为挤压拉伸造成丙烯酸交联结构的断裂。配比提升至 1∶0.5 时,断面处出现了长 $50\sim200\,\mu m$、宽 $10\sim60\,\mu m$ 的扁长形孔洞。这些孔洞正是在拉伸过程中丙烯酸交联网络在填料处断裂所形成的。从图 4.4-12 中观测到了白色固体粉末的裸露。因此断裂的发生主要来源于填料处丙烯酸交联网络的断裂。当配比进一步提升至 1∶0.75时,断裂的裂缝进一步增加,并出现了涂层的破损。这都表明了涂层的韧性下降,以及涂层

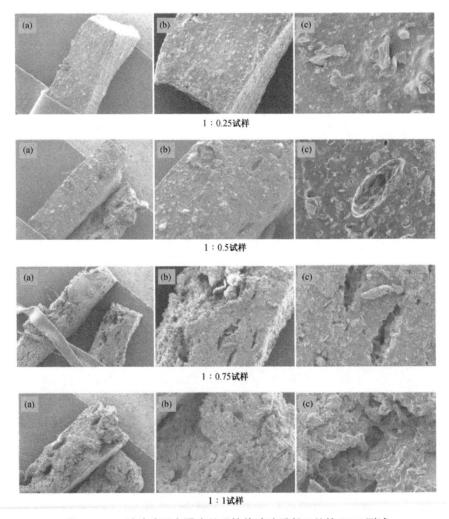

图 4.4-12　防渗涂层在浸水处理拉伸试验后断口处的 SEM 测试

中有机网络和无机填充物的分离。最终配比提升至 1：1 时，对比可知，较为明显的区别是其断裂处不再是平整的切面，而是出现了不规则的断面。这时所表现出的是区域类的交联网络断裂汇聚促发涂层的拉伸断裂。SEM 测试结果表明，该材料随着 B 料组分的上升，涂料混合液经拉伸测试后在细观上表现为由平滑向交联网络断裂过渡，切面逐渐由平整向不平整过渡。

（3）抗冲磨特征

防渗涂层在抗冲磨试验后的 SEM 测试结果如图 4.4-13 所示。可以看出，纯 A 料、界面剂（A 料稀释 1 倍）的试样仍然紧密地包裹在滤纸纤维上，这说明纯丙烯酸涂层在现有冲刷实验的强度下可以保持涂层的完整性。

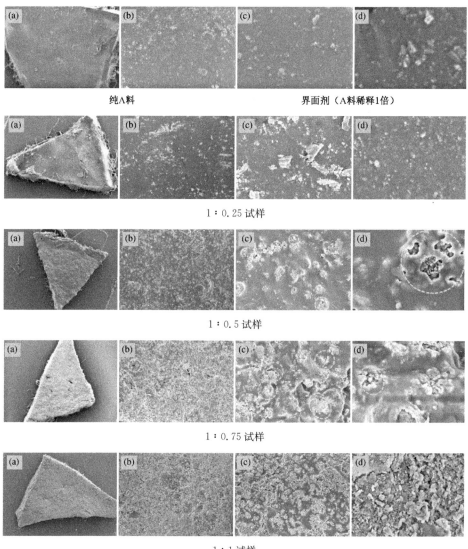

图 4.4-13　防渗涂层在抗冲磨试验后的 SEM 测试

1∶0.25 试样在经过冲刷实现后,整体涂层的完整性较好,没有出现明显的裂缝。但是在经过冲刷实验后,可以发现水泥粉填料处出现了 5 μm 以下的破损空洞,而没有填料处的丙烯酸涂层仍然完整。这说明破损主要是因填料引入,造成表面涂层的粗糙度上升,带来水在界面处的不稳定涡流或边界层的分离,以及引发类似汽蚀现象的一系列高强度冲刷,最终造成涂层的磨损。配比为 1∶0.5 的试样涂层宏观表面出现了细长形的裂缝,说明 1∶0.5 试样涂层的韧性已经降低,冲刷实验过程带来涂层的拉伸挤压可能引起的丙烯酸涂层的交联断裂,最终出现裂纹(具体机理见拉伸实验分析)。而 1∶0.5 试样涂层出现了较为明显的水泥粉填料的裸露。填料颗粒则会进一步脱落形成新的空洞结构,造成涂层磨损程度的进一步增加。配比进一步增大至 1∶0.75 时,水泥粉颗粒已无法均匀地分散在丙烯酸涂层中,造成了涂层磨损点数量的增加,这也解释了抗冲磨试样出现了大范围的涂层剥落。最终配比提升至 1∶1 时,裂纹将涂层表面割裂为大大小小的区域,并且填料区域大面积裸露在图层外。冲刷过程存在周期性的涂层挤压拉伸,填料配比的增大造成涂层的拉伸裂纹增多,使得涂层出现微观裂纹,最终造成涂层的剥落。

根据上述测试结果,小结如下:

① B 料可以增加材料的拉伸性能,低温环境对材料拉伸性能有一定影响。该材料的拉伸伸长特征随粉料变化在细观上表现为:由平滑向交联网络断裂过渡,切面逐渐由平整向不平整过渡。使用时须关注材料冬季抵抗低温的能力。

②"内水外渗"工况对材料的防渗性能有显著影响。具体应用时,以 A 料稀释 1 倍的界面剂与混凝土衬砌的粘接面在背水面水头作用下将产生穿刺破坏。

③ B 料的增加并不能提升材料的抗冲磨性能。细观上表现为粉料作为填料引入,造成表面涂层的粗糙度上升,导致水在界面处的不稳定涡流或边界层的分离,最终造成涂层磨损量的增加。

至此,对于以双组分丙烯酸水泥防水涂料定型产品为基底(A∶B=1∶1),通过调整材料配比,形成的材料力学性能图如图 4.4-14 所示。在强度性能方面,总的来看,所有配比都超过了混凝土抗拉强度设计值;在拉伸伸长率方面,柔性材料在低温下的拉伸性能虽然衰减程度大,但仍远大于刚性衬砌,可以很好地解决变形协调问题。定型产品(A∶B=1∶1)配比综合效果最好,但 A∶B=1∶0.5 配比下的综合拉伸变形能力较好,低温处理、热处理、紫外线处理等耐久性强度指标衰减最少。

不同配比的双组分丙烯酸水泥防水涂料的渗透性能如图 4.4-15 所示。定型产品(A∶B=1∶1)的常规粘接性能(拉伸、潮基处理)最好,各配比的常规粘接性能差距不大;背水面的粘接性能则是 1∶0.5 配比效果最优。各配比下迎水面、背水面的渗透性差距不大。在抗冲磨方面,1∶0.75 配比效果最优。

上述雷达图直观地反映了不同配比下的材料综合性能,可为双组分丙烯酸水泥防水涂

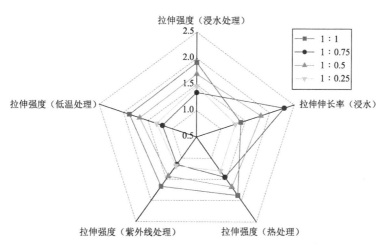

图 4.4-14 不同配比的双组分丙烯酸水泥防水涂料的力学性能雷达图

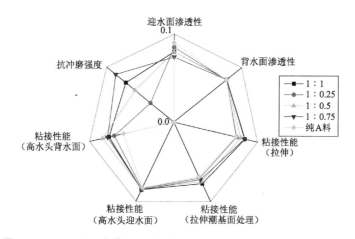

图 4.4-15 不同配比的双组分丙烯酸水泥防水涂料的渗透性能雷达图

料的具体应用提供科学依据。

4. 不同配比下的材料使用经济性分析

材料的经济性是业主单位使用的重要考虑因素。目前,双组分丙烯酸水泥防水涂料在使用时的施工步骤包括:①将 A 料乳液掺水稀释 1 倍作为界面剂喷涂在衬砌表面;②完成初凝后在表面铺设土工布作为加筋材料;③将 A:B 料按 1:1 混合后人工涂刷至土工布表面。目前上述工况的总成本主要包含:A 料材料费、B 料材料费、土工布费、人工费、其他费用,其中材料费、人工费为主要支出。各分项发生费用如表 4.4-4 所示。

表 4.4-4 定型产品的各项费用

序号	A 料材料费	B 料材料费	土工布费	人工费
参考价格	20 000 元/t	8 000 元/t	1 元/m²	2 元/m²
施工后综合单价	60 元/m²			

设每平方米 A 料用量为 1,那么界面剂用量为 0.5,B 料用量为 1,根据上述费用,可算得每平方米材料费价格为:A 料 45 元/m^2,B 料 12 元/m^2。若减少 B 料用量,则对应配比的施工后综合单价如表 4.4-5 所示。

表 4.4-5　不同配比下防渗材料的经济性

配比	1:1	1:0.75	1:0.5	1:0.25
综合单价(元/m^2)	60	57	55	53

2024 年全年北疆供水工程拟使用防渗材料 8 万 m^2,若按 1:0.75 配比施工,则全年减少投资 24 万元;按 1:0.5 配比施工,则减少投资 40 万元。

4.4.2　材料性能优化

根据上述分析,双组分丙烯酸水泥防水涂料的防渗性能主要由 A 乳液提供,B 料增加可以提升材料的综合强度,但对材料抗冲磨特性贡献不大。因此,从降低材料的成本出发,计划寻找 B 料的替代品。

1. 碳粉简介

碳粉广泛应用于高分子加工行业作为补强填料。相较于无机水泥粉末,碳粉中的炭黑粒径更小且更加均匀,不会出现高分子网络中填料过大而导致的高分子/固体界面分离的问题。其次,炭黑含有丰富且可调的官能团,如羟基、醚基、羧基等,可以与高分子形成共价键,形成结构连续化的网络,这种化学结合使得炭黑能够牢固地嵌入高分子链之中,与高分子形成紧密的连接,增强了材料的整体结构稳定性和强度。此外,炭黑颗粒具有高强度和硬度,能够在高分子材料中起到增强作用,提高材料的抗拉伸强度、硬度和耐磨性。从经济角度出发,碳粉因广泛应用于化工行业,成本较为低廉。由于密度(<1 g/cm^3)低于无机粉体(2.9~3.2 g/cm^3),这意味着,在同等重量下,碳粉的体积相对较大,因此在使用过程中所需的用量也相应减少。另外,结合北疆供水工程现场工况,炭黑的导热性能好,能够吸收紫外线,并减少光照照射对材料性能的影响,因此可以提高高分子材料的耐候性,延长材料的使用寿命。

碳粉添加量直接决定了高分子材料的力学性能。结合北疆供水工程,作为防渗材料,碳粉的添加量经实验研究应控制在 10% 以下,因碳粉的固体填充效应会减弱。当碳粉填充量超过一定比例时,由于碳粉团聚会增加,多个碳粉颗粒之间会形成交联作用,导致碳粉填充效应达到饱和状态,此时继续添加碳粉将无法显著改善高分子材料的性能,反而可能造成材料性能下降。此外,碳粉可能影响高分子材料的流动性。过多的碳粉填充会增加高分子材料的黏度,降低材料的流动性,导致加工成型过程中出现问题,如气泡、表面粗糙等缺陷,影响制品质量。所以从性能和经济性角度综合考虑将碳粉添加量控制在 10% 以内,以保持材料最佳的均匀性、稳定性和优良的性能表现。

炭黑材料作为重要的碳基材料,在碳达峰和碳中和等背景下具有广阔的应用前景。碳达峰和碳中和是全球应对气候变化和碳排放问题的关键举措,其中碳粉作为一种重要的碳基材料,可以从天然生物质来合成。而植物吸收的 CO_2 在制备成生物炭后,等效于固碳效应。生物炭的使用还可以减少石油和煤资源的使用,增加可再生资源的利用。因此,未来可以开发生物碳基填充料,一方面为我国"双碳"目标提供切实可行的方案,另一方面还能够增加碳汇,减轻其他行业的排放压力。

（1）生物碳基防水材料成型特点

本书选取工业级碳粉（灰分≤0.5％、着色强度96％～112％、比表面积 10^3 m^2/kg、表观密度 0.375 g/cm^3、粒径 10～100 nm）,与A料混合。初步搅拌后,涂层呈深蓝色。这是由于碳粉与丙烯酸形成折光效应,使光线散射后主要反射出波长较短的蓝色光。当乳液聚合成型后,涂层呈现出碳粉原有的黑色,如图 4.4-16 所示。

（2）与原材料的相容性

本书选取的A料丙烯酸乳液在加入碳粉搅打后可以混合均匀,原有乳白色乳液逐渐变成天蓝色。加入碳粉后很快分散于乳液中,停止搅打后并没有发生聚沉。首先,碳粉骨架与丙烯酸碳骨架性质相似而不会发生排斥。其次,碳粉密度与乳液接近,这使得碳粉可以很好地悬浮于乳液中直至涂层固化。相比之下水泥粉料在停止搅打后会出现水泥粉料聚沉、造成底部颗粒较多、表面颗粒较少的不均匀分布。

图 4.4-16　添加碳粉后的材料表面成型情况

（彩图见二维码）

2. 材料力学性能测试

材料力学性能测试内容、试验方法以及养护方法同4.3节，不再赘述。其中材料配比为A料：碳粉＝1：1％、1：2％、1：4％、1：8％四种。

（1）拉伸性能测试

材料拉伸强度、拉伸伸长率和拉伸强度保持率如图4.4-17所示，从图中可以看出，仅添加1％～4％的碳粉性能即可相当于添加25％～50％B料性能。此外，随着碳粉添加量的提升，拉伸断裂处的强度略有下降，然而随着碳粉比例的进一步提高，拉伸强度保持率在不同条件下逐渐接近100％，展现出了碳粉优异的性能。此外，图中还展示了碳粉与A料的比例1％～8％下，碳粉对涂层在浸水处理、热处理、低温处理和紫外线处理条件下的影响，与前节类似，经过耐久性测试后，材料性能有不同程度下降，热处理、低温处理以及紫外线处理后，2％掺量强度最高，8％掺量强度最低。然而，就衰减程度来看，8％掺量的试样拉伸强度衰减程度最小。另外，热处理、紫外线处理对材料强度的衰减程度影响并不大，低温处理对材料强度的衰减程度影响则较为显著，可见低温条件仍是最主要的影响因素。

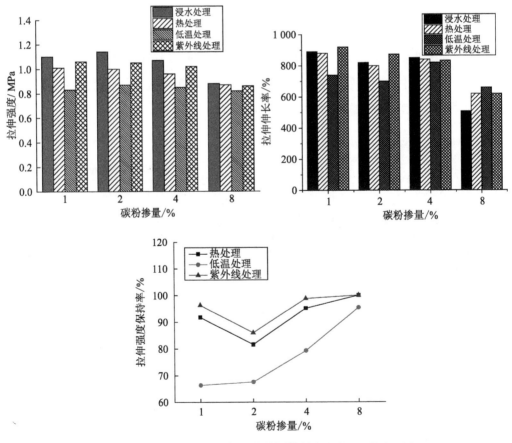

图4.4-17 材料拉伸强度、拉伸伸长率和拉伸强度保持率测试

（2）粘接性能测试

图 4.4-18 描绘了材料的粘接性能（拉伸），可以看出，当碳粉掺量达到 8% 时，粘接强度达到最大值，与双组分材料 A∶B＝1∶0.5 时的强度值相当。潮基处理后粘接强度衰减并不显著。

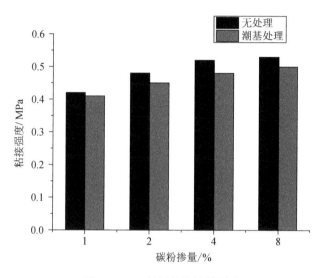

图 4.4-18　材料粘接性能测试

（3）微结构分析

将开展拉伸测试的试样进行 SEM 测试，结果如图 4.4-19～图 4.4-22 所示。可以看出，试样在只有少量碳粉添加后存在一定空洞，随着碳粉掺量的增加，空洞逐渐消失。这主要是由于碳粉能够更好地与丙烯酸酯形成共价键，这种化学结合使得炭黑能够牢固地嵌入高分子链之中，与高分子形成紧密的连接，增强了材料的整体结构稳定性和强度。从图 4.4-19 还可以看出，添加碳粉的涂层断面更加致密，能够更好地与固体表面粘接。而水泥粉添加的涂层较为粗糙，造成纳微界面处粘接面积下降。

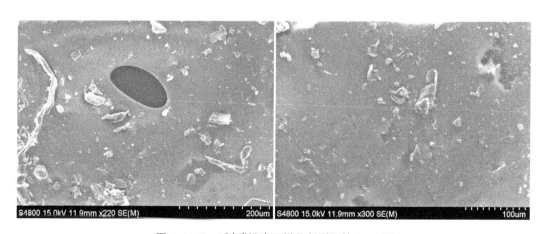

图 4.4-19　1% 碳粉涂层样品断裂面的 SEM 图

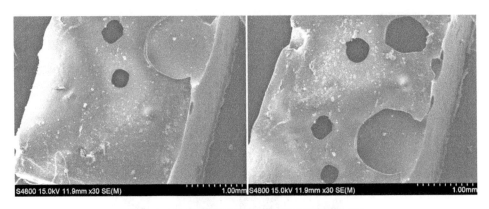

图 4.4-20　2%碳粉涂层样品断裂面的 SEM 图

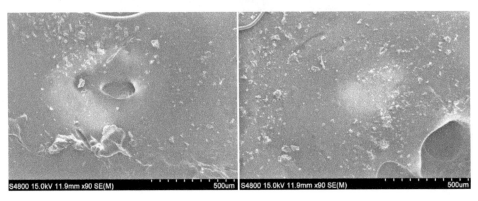

图 4.4-21　4%碳粉涂层样品断裂面的 SEM 图

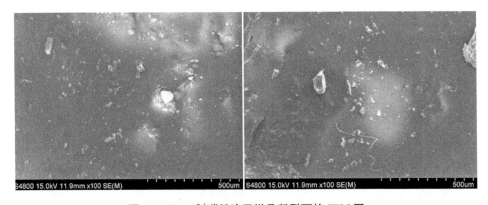

图 4.4-22　8%碳粉涂层样品断裂面的 SEM 图

　　如图 4.4-19～图 4.4-22 所示,即使碳粉添加量至 8%,也没有出现明显的填料团聚现象,这表明碳粉能够很好地混合在聚丙烯酸网络中。且 4 个试样表面均光滑、无明显粗糙面,碳粉的致密性保证了碳粉添加涂层的防渗性能。由于没有颗粒团聚,断纹也不易在有机涂层/固体界面处生长,延长了其稳定性。2%试样出现了较大的空泡,这是由于此批试样采用了机械搅拌桨的搅拌过程,在乳液中引入更多的气体,而非由碳粉造成。现场操作滚轮可以很好地赶走溶于涂层中的气体,减少空洞的产生。

从图 4.4-23 可以看出,加了水泥粉料的涂层即使在复配后也出现了明显的粗糙。这些微小的孔洞结构来源于水泥粉料与丙烯酸的不互溶。但相较于纯水泥粉料样品,并没有出现大范围的 B 料团聚,这从另一方面说明了碳粉能够有效地改善水泥粉料在丙烯酸中的分散。

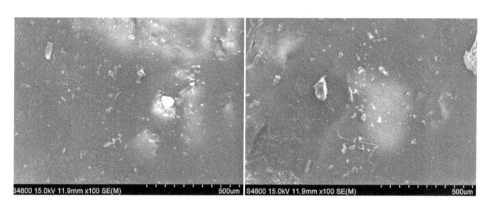

图 4.4-23　2%碳粉+8%B 料涂层样品断裂面的 SEM 图

3. 材料渗透性能测试

添加碳粉后的材料渗透性能测试结果如表 4.4-6 所示。可知,材料在外水内渗工况(常规条件)下仍然保持了良好的防渗性能。此时仍是 A 乳液起主要抗渗作用,因此材料渗透性能并无衰减。添加碳粉后材料碳粉能够更好地与丙烯酸酯形成共价键,这种化学结合使得炭黑能够牢固地嵌入高分子链之中,与高分子形成紧密的连接,增强了材料的整体结构稳定性。内水外渗工况下材料渗透性能逊于外水内渗条件,但材料的终止压力略高于不同配比下的双组分材料。试验测得平均相对渗透系数为 0.9×10^{-8} cm/h,说明材料不透水。

表 4.4-6　添加碳粉后的材料渗透性能测试

试样编号	工况	掺量	试验终止时渗透压力及时间	破坏及描述
1	外水内渗	1%	0.4 MPa, 8 h	防渗涂层刺破,中部砂浆泌水
2		2%	0.41 MPa, 8 h	
3		4%	0.41 MPa, 8 h	
4		8%	0.42 MPa, 8 h	
5	内水外渗	1%	0.1 MPa, 4.1 h	试样接缝处鼓包胀破
6		2%	0.13 MPa, 4.2 h	
7		4%	0.15 MPa, 4.5 h	
8		8%	0.14 MPa, 4.4 h	

4. 材料抗冲磨性能测试

根据上述分析可知,通过碳粉替代水泥基粉料,以减少填充量带来的缺陷位点,提升抗冲磨性能。同样,对上述掺量的材料进行抗冲磨性能测试,试验方法同前,如图 4.4-24 所示。表 4.4-7 给出了不同掺量的材料抗冲磨试验结果,由表可知添加碳粉的材料抗冲磨效果较好。碳粉的导热性能远高于水泥粉,随着碳粉量提升,涂层内部的温度场更加均匀,从而减少了涂层内部温度梯度,进一步减少温差带来的涂层形变。因此,添加 2%~4% 的碳粉可保证材料拉伸强度保持率,并提升抗冲磨性能。

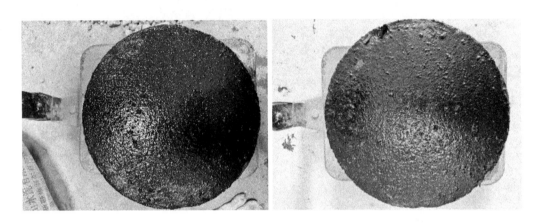

图 4.4-24 试样抗冲磨前后(72 h)材料表面变化情况(8%碳粉掺量)

表 4.4-7 添加碳粉后的材料抗冲磨试验结果

序号	试样配比(碳粉掺量)	1%	2%	4%	8%
1	磨损率	0.013	0.008	0.005	0.001
2	磨损量(kg)	0.23	0.14	0.095	0.01

4.4.3 材料优化性能对比分析

将不同比例掺量碳粉的拉伸强度和拉伸伸长率指标与 1:0.5、1:0.75 配比双组分材料相应指标进行对比,如图 4.4-25 所示,其中考虑到紫外线处理和热处理对材料衰减影响不大,仅给出常规条件(浸水处理)以及低温处理的拉伸伸长率指标。从图中可以看出,1:0.5、1:0.75 配比双组分材料试样在强度方面表现良好,而在拉伸伸长率方面则添加碳粉的试样性能更优。同时,添加碳粉的试样拉伸强度均接近混凝土衬砌抗拉强度设计值,可满足变形协调要求。

此外,添加碳粉后的材料抗渗性能无衰减,抗冲磨性能 8%碳粉掺量的试样最好,1%碳粉掺量的试样最差,但都优于 1:0.25、1:0.5、1:0.75 配比的双组分材料,其中 8%碳粉掺量试样接近 1:1 配比试样的抗冲磨能力,4%碳粉掺量试样则略逊。

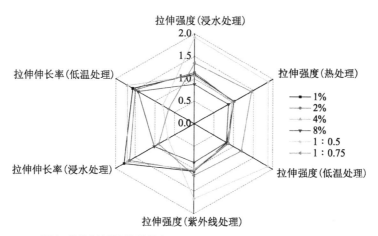

图 4.4-25　添加碳粉材料拉伸性能与 1∶0.5、1∶0.75 配比双组分材料的性能对比

4.4.4　碳粉替代水泥粉料的碳减排意义

从原料出发,水泥生产过程是一个高碳排放的行业,一般每生产 1 kg 水泥粉就会伴随着 0.6～1 kg 的 CO_2 排放。而使用碳粉替代水泥粉后,可以避免相应的 CO_2 排放,实现减排效果,从而减少了相应的碳排放量。若以生物炭作为骨架增强材料,则拓展了生物质的有效利用,实现了过程的负碳和固碳。相关数据显示,每千克碳粉的利用可以减少大约 2.3 kg 的 CO_2 排放。基于此计算,1∶1 水泥粉料改用 8% 碳粉增强,每平方米的反渗涂覆可以直接减少 0.9 kg(0.3 kg 来源于碳粉固碳,0.6 kg 来源于水泥粉料)的 CO_2 排放,这极大地减轻了区域内的碳减排负担。

从性能角度出发,本书中碳粉在丙烯酸乳液中的添加量较少,8% 的碳粉添加量即可发挥 100% 水泥粉添加量的机械性能,仅仅从机械性能角度碳粉的使用将大幅减少固体骨架料的使用量。减少材料的使用不仅节约了资源,还通过减少生产、运输、存储等过程的碳排放,降低了碳足迹。而从抗紫外线和抗冲磨角度出发,碳粉将延长产品原有的反渗性能,减少防渗涂料的生产过程和更新周期中的碳排放。产品使用寿命的延长对于减少资源消耗和碳排放具有重要的环保意义。综上所述,通过使用碳粉替代水泥粉作为填充增强骨架料,可以在多个方面实现减排效益,降低碳足迹,促进可持续发展。

4.5　高分子表面防渗材料应用

在前述研究的基础上,下文重点围绕材料变形协调能力、耐久性、经济性进行分析,得到现场应用的具体方案,同时,针对渠道局部渗漏快速修复需求,给出渠道局部快速修复技术。

4.5.1 高分子防渗材料的应用措施

通过 4 组不同配比的双组分丙烯酸高分子材料配方，以及 4 组含添加剂的单乳液（A料）配方，共计 8 组，按照抗拉性能、延伸性能、耐久性能、渗透性能、粘接性能和经济性能进行归一化排列，给出相应的适用水平，如表 4.5-1 所示。

表 4.5-1 8组高分子防渗材料的适用性能

配比		抗拉性能			延伸性能	耐久性能			渗透性能	粘接性能		经济性能
		强度	与衬砌板抗拉强度比较	拉伸强度保持率		耐热	耐低温	耐紫外线		粘接拉伸性能	粘接抗反渗性能	
双组分丙烯酸	1∶1	☆☆☆☆☆	超出	☆☆☆☆☆	☆☆☆☆	☆☆☆☆	☆☆☆☆	☆☆☆☆	☆☆☆☆	☆☆☆☆☆	☆	☆☆
	1∶0.25	☆☆☆	接近	☆☆☆☆	☆☆☆☆	☆☆☆	☆☆☆	☆☆☆☆	☆☆☆	☆☆☆	☆	☆☆☆☆
	1∶0.5	☆☆☆☆	超出	☆☆☆☆☆	☆☆☆☆	☆☆☆	☆☆☆	☆☆☆	☆☆☆☆	☆☆☆☆	☆	☆☆☆
	1∶0.75	☆☆☆	超出	☆☆☆☆	☆☆☆☆	☆☆☆	☆☆☆	☆☆☆	☆☆☆☆	☆☆☆	☆	☆☆☆
单乳液＋添加剂	1%碳粉	☆☆☆	接近	☆☆☆	☆☆☆☆	☆☆☆	☆☆☆	☆☆☆	☆☆☆	☆☆☆	☆	☆☆☆
	2%碳粉	☆☆☆☆	超出	☆☆☆	☆☆☆☆	☆☆☆	☆☆☆	☆☆☆☆	☆☆☆☆	☆☆☆☆	☆	☆☆☆
	4%碳粉	☆☆☆☆	超出	☆☆☆☆	☆☆☆☆	☆☆☆	☆☆☆	☆☆☆☆	☆☆☆	☆☆☆	☆	☆☆☆
	8%碳粉	☆☆☆	接近	☆☆☆☆	☆☆☆☆	☆☆☆	☆☆☆	☆☆☆☆	☆☆☆	☆☆☆	☆	☆☆☆☆

对此，按照渠道原形（弧底梯形断面，渠道高 7 m，坡比 1∶2），采用水、热、力三场耦合计算方法，考察北疆供水工程总干渠衬砌的变形及受力特征，计算策略同本书第 2 章、第 3 章所述。计算中，渠道衬砌在整个通水—停水期沿长度方向的位移分布结果如图 4.5-1 所示，竖向变形以垂直于衬砌板法向为正。可以看出，水位最大时刻衬砌竖向变形最大，出现在衬砌板距渠底 1/3 处，为下沉变形，变形量 8 cm；而冬季渠底冻胀变形发生在冻深最大时刻，达 3 cm，冻胀变形最大处位于渠底。水位最大时刻坡顶、坡底沉降差≤10 cm。

整个计算期内，衬砌沿长度方向的应力分布如图 4.5-2 所示，通水期、停水期、融化期整个衬砌的应力变化不大，水位最大时刻以及冻胀最大时刻衬砌内应力显著。总体呈现"下拉上压"模式，其中衬砌板 1/3 以下至渠底处衬砌处于受拉状态，以上部位则为受压状态，最大拉应力 0.3 MPa，位于渠底。水位最大时刻坡顶、坡底沉降差≤10 cm 时，对应衬砌内部的应力同样呈现为"下拉上压"的情形，最大拉应力不大于 0.3 MPa，最大压应力位于渠

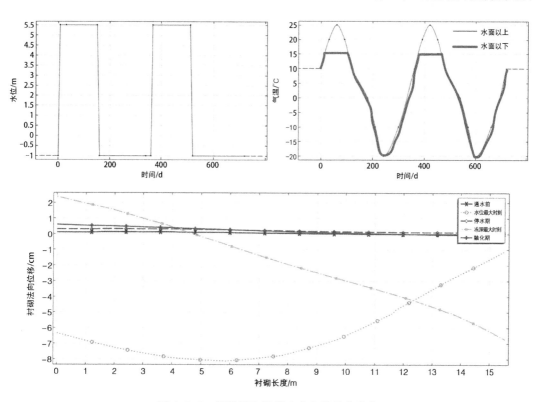

图 4.5-1 渠道衬砌沿长度方向的位移分布

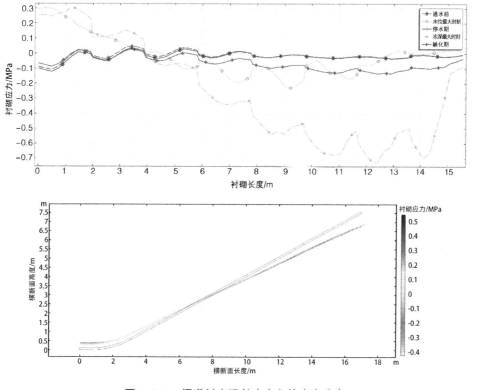

图 4.5-2 渠道衬砌沿长度方向的应力分布

顶,为 0.7 MPa。此时,防渗材料的下部受拉而上部受压,由于高分子材料是柔性材料,受压强度可忽略,而受拉强度则远大于衬砌板抗拉强度,无论是不同配比的双组分材料,还是改性后的高分子乳液材料,均可以很好地适应协调变形。

为此,按照上述受力特征,可以就材料选型进行多方案组合。下面介绍三种方案。

1. 方案一

本方案聚焦安全性要求。衬砌 1/3 以下处涂抹双组分丙烯酸材料,配比 1∶1;衬砌 1/3 以上处涂抹双组分丙烯酸材料,配比 1∶0.75。按照表 4.4-5 所示,一榀按 100 m 宽度计算,则涂抹面积$=18.8×100=1880\ m^2$,一榀综合单价$=1880×(60×1/3+57×2/3)×10^{-4}=10.90$ 万元。若弧底梯形部位不涂抹,则一榀综合单价$=10.90-2.5×100×0.188×0.006≈10.62$ 万元。

2. 方案二

本方案注重安全性,兼顾经济性要求。衬砌 1/3 以下处涂抹双组分丙烯酸材料,配比 1∶0.75;衬砌 1/3 以上处涂抹双组分丙烯酸材料,配比 1∶0.5。则一榀综合单价$=1880×(57×1/3+55×2/3)×10^{-4}≈10.47$ 万元。若弧底梯形部位不涂抹,则一榀综合单价$≈10.20$ 万元。

3. 方案三

本方案注重经济性,保证渠道渗透性。渠堤至渠道高度 5 m 处仍涂抹双组分丙烯酸材料,配比 1∶0.5,渠道高度 5~7.5 m 处涂抹丙烯酸材料 A 乳液+4% 碳粉。碳粉按每公斤 100 元计(含添加剂改性费用),则该方案一榀综合单价$=1880×[2/3×55+1/3×(45+1.5×0.02×100)]×10^{-4}≈9.90$ 万元,若弧底梯形部位不涂抹,则一榀综合单价$=9.90-2.5×100×0.188×0.0055≈9.64$ 万元。

方案三与方案一相比,每榀节省投资约 1 万元。若春季渠道维修基改工作量总长度 1 km,则节省投资约 20 万元(半坡×2)。

4.5.2 高分子防渗材料的具体应用

依托北疆供水工程干渠沙漠渠道进行示范应用,示范总长 200 m,其中上游采用方案一,下游则用方案三,示范效果如图 4.5-3 和图 4.5-4 所示,图中为下游侧渠坡 1/3 以上处涂刷优化材料的情形。

图 4.5-3 材料选型方案三的示范应用

图 4.5-4 材料现场示范

为测试示范效果,结合断面的渗漏监测设备进行渠底渗漏监测,如图 4.5-5 所示,图中的水位高程单位为 mm。可以看出,渠底、渠堤几乎无渗漏,最高水头位于渠底,仅 0.5 m 左右。

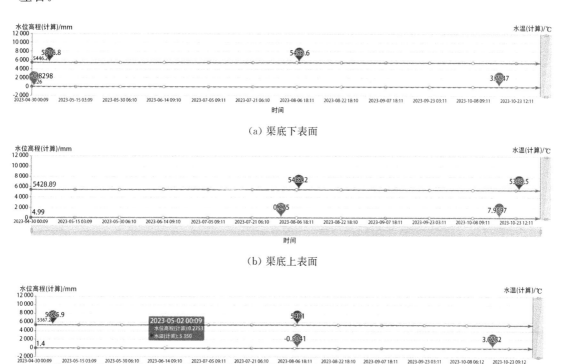

图 4.5-5 应用高分子防渗材料的渠道断面渗漏监测

参考文献

［1］者东梅,朱天戈,刘玉春.土工合成材料耐久性能影响因素[J].塑料工业,2023,51(2):13-16,30.

［2］邓铭江,蔡正银,郭万里,等.竖向排水井对北疆膨胀土渠道稳定性的作用分析[J].岩土工程学报, 2020,42(S2):1-6.

［3］徐虎城,刘雨昕,王羿,等.考虑冻胀及水力断面双优梯形最佳断面[J].岩土工程学报,2022,44(S2): 203-206.

［4］王正中,孙涛,郑艾磊,等.水-热-力耦合作用下寒区弧底梯形渠道结构优化设计[J].中南大学学报 (自然科学版),2023,54(5):1916-1929.

［5］王正中,江浩源,王羿,等.旱寒区输水渠道防渗抗冻胀研究进展与前沿[J].农业工程学报,2020,36 (22):120-132.

［6］谭日升,蒋硕忠.丙烯酸盐化学灌浆材料在三峡二期工程中的应用[J].中国建筑水防,2005(2): 31-33.

［7］王正胜,宋雪飞,吕华文.丙烯酸盐注浆材料实验研究及其应用[J].煤炭工程,2013,45(S1):140-142.

［8］沈如,邹斌,齐琳琳,等.丙烯酸钙改良软弱土质地基的研究[J].铁道建筑,2000,40(5):10-12

［9］赵满庆.裂隙土基床病害整治研究[D].成都:西南交通大学,2002.

［10］张维欣,邝健政,胡文东,等.丙烯酸盐灌浆材料及其应用[J].中国建筑防水,2010,1(2):10-12.

［11］张毅,易举.化学注浆方法治理渗漏变形缝的施工技术[J].隧道与轨道交通,2017,1(S1):113-115,118.

［12］阮文军,王银鹰.水泥—丙烯酸盐复合浆液的试验研究[J].吉林水利,2001(3):8-10.

［13］胡安兵,阮文军,刘雪松.水泥—丙烯酸盐复合浆液的实验性研究[J].地质与勘探,2002,38(3):93-95.

［14］马鹏远,杨其新,蒋雅君.快硬丙烯酸盐水泥基复合浆液配比的试验研究[J].铁道标准设计,2012,55 (S1):49-51.

［15］田磊.固体丙烯酸钙对水泥性能影响的研究[D].济南:济南大学,2013.

［16］蒋雅君,杨其新,蒋波,等.隧道工程喷膜防水施工工艺的试验研究[J].土木工程学报,2007(7):77-81,86.

［17］姜浩.隧道及地下工程丙烯酸盐喷膜防水材料耐强碱腐蚀性能研究[D].成都:西南交通大学,2014.

［18］杨娟.隧道工程丙烯酸盐喷膜防水层效能体系及其评价方法研究[D].成都:西南交通大学,2013.

［19］姜浩.隧道及地下工程丙烯酸盐喷膜防水材料耐强碱腐蚀性能研究[D].成都:西南交通大学,2014.

［20］杨其新,徐鹏,郑尚峰.丙烯酸盐喷膜防水层在地下水环境中失效性的CT试验研究[J].中国科学E辑,2010,40(5):525-531.

［21］常炳阳,杨其新.丙烯酸盐喷膜防水材料在隧道力下的耐久性研究[J].新型建筑材料,2010,37(6):74-76.

［22］徐鹏.基于CT技术的丙烯酸盐喷膜防水层寿命预测体系研究[D].成都:西南交通大学,2010.

[23] 高雪香,杨其新,马庆辉.丙烯酸喷膜防水材料在隧道及地下工程施工中的适应性[J].新型建筑材料,2006,33(7):22-24.

[24] 蒋雅君,杨其新,刘东民,等.液化天然气接收站 LNG 工艺隧道喷膜防水应用技术[J].隧道建设(中英文),2018,38(11):中插 1-中插 10.

[25] 邹立.聚丙烯酸盐在地下水环境介质中微观变化与性能研究[D].成都:西南交通大学,2009.

[26] 杨其新,张晓锋.复合侵蚀性介质对丙烯酸盐喷膜防水材料的影响[J].新型建筑材料,2009,36(9):51-55.

第五章　寒区渠道排水体系高效运行技术

　　输水渠道渗漏可引发渠道不均匀沉降和滑坡等灾害,通过设置渠道排水体系,将渠堤渗漏水有效排出,同样是解决渠道渗漏破坏的主要手段。然而,现阶段渠道排水体系及其运行模式研究并不充分。本章结合实际工程,采用现场试验、数值模拟和室内模型试验等方法,研究渠坡排水的管径和布置方式、渠坡渗流和渠坡稳定性、渠坡减排效果,以及纵向排水管自清洁技术。

5.1　渠道排水技术应用现状

　　目前常见的纵横排水体系,由纵横排水管、集水井和反滤层组成。以北疆供水工程输水渠道为例,排水体系采用将渠底及渠底以上 1.3 m 范围内的渠道衬砌板拆除并换填 0.3 m 排水沙砾石料,将拆除部分的预制混凝土衬砌改为采用机械化施工现浇 10 cm 厚的平底、弧形坡脚衬砌结构,底部设置排水系统。本书研究的抽排水体系为向渠道内部排水的排水体形式,可以将渠道渗水集中到集水井中,并用水泵抽水内排到渠道内,避免了水资源的浪费,增加了渠道输水率。该体系还配备水泵、管道(新疆某输水渠道的部分竖井另外配备外排水泵)和数字智能化平台,可以将竖井中的渗漏水及周边析出的地下水抽排至干渠内,以减轻干渠底板顶托压力,在冬季停水期竖井中周边析出的地下水抽排至远离干渠的地方,以减轻输水渠道冻胀压力,并在渠道左岸设置输电线路为集水井自动化抽排站进行供电。该体系具体构造包括:总干渠渠底衬砌结构下填筑 0.5 m 厚的透水沙砾石,渠底排水沙砾石底部布设纵向排水体,坡比为 1:2 000,其余填筑相对不透水的土料;纵向排水体内填充中石反滤料、小石反滤和厚粗砂;同时,排水体沟内设纵向 DN150 直径的聚氯乙烯(PVC)滤水花管;每间隔 300～500 m 设一道横向排水体。渠道排水体系布置如图 5.1-1 所示。

　　北疆供水工程总干渠沿线共设置了此类集水井 80 余个。事实上,若渠道防渗膜下仅是少量渗水引起的集聚,在设置渠道纵横排体系的情形下,膜后水位应能得到较好的控制。然而,根据膜后水位变化和初步的抽水情况,一些断面渠堤水位变化的响应十分剧烈,超出

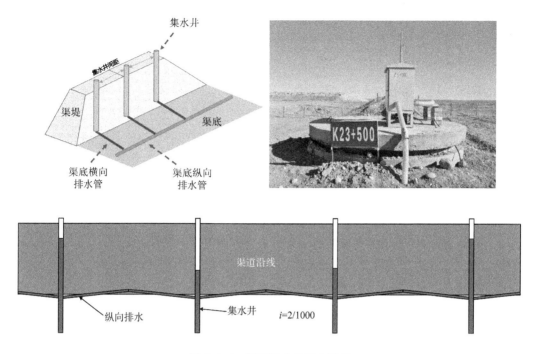

图 5.1-1　渠道排水体系布置图

了少量渗水的范畴。

　　为更好地了解渠底"膜后水位"("膜后水"是指渠道运行期间,赋存在渠道防渗层下方一定范围内的自由水)与集水井抽排情况,笔者绘制了 2018 年自 5 月 15 日至 7 月 23 日渠道运行期集水井抽排量与 2018 年 5 月 15 日至 7 月 29 日断面膜后水位的关系,如图 5.1-2 所示,这些断面膜后水位较高。从图中可以看出,19＋160 段断面膜后水位变化基本与日均抽排量同步,而在 6 月 20—7 月 3 日抽排量相对下降的时间段内,膜后水位并未得到有效降低。另外,在 7 月 11 日—7 月 15 日这段时间内,日均抽排量基本保持在 250 m³/d,但这一

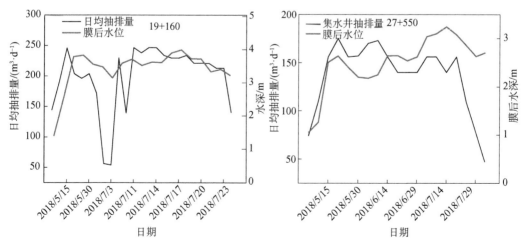

图 5.1-2　渠道运行期集水井抽排量与断面膜后水位关系图

期间的膜后水位不降反升,与干渠水位变化趋势一致。27＋650 段自 5 月 15 日起日均抽排量在 150 m³ 左右,比 19＋160 段少 50～100 m³;抽排量与膜后水位变化趋势基本一致,其中6 月 29 日—7 月 14 日期间仍出现了抽排量一定、水位不降反升的情形。需要说明的是,该段最近的集水井位于 30＋400 段。该井最大日抽排量为 112 m³/d,平均抽排量为 79.1 m³/d,该段日均抽排量自 6 月 9 日起保持平稳,但膜后水位仍未出现显著下降的过程。

几组典型断面的膜后水位与日均抽排量变化情况表明,对于膜后水位持续偏高的断面,集水井抽水泵应当是持续工作的。然而,从图中反映来看,一方面,集水井抽排作业过程中出现了"抽多少,补多少"的局面,集水井抽排也无法达到在通水期有效降低膜后水位的效果。另一方面,对于已经存在膜后水的断面,膜后水除向渠基内渗漏,即发生渗流作用外,渠内水、膜后水、渗流作用本身处在一个动态平衡的状态。采用水泵抽水则会打破这种平衡状态,造成更多的水损失。

由于纵向排水体系的连通,局部大量渗漏水经由纵向排水体系向下游汇聚,在排泄不畅处水压升高,造成该处的渠基绕渗,使得渠道的渗漏更加复杂。所以,有必要进行渠道竖井抽排精准运行效率调查研究。此外,在前期现场实践中发现,纵向排渗体受回填碾压、土体的不均匀沉降等因素影响发生变形、堵塞,影响了渠底膜后水的正常抽排。采用常规的大开挖法"外创手术"、变形补偿预防法、内镜修复法等修复方法费时费力,且不能满足纵横排体系的长期运行服务要求。因而,有必要针对寒区渠道排水体系暴露出的问题进行系统优化设计。

5.2　寒区渠道渗漏水速排技术优化方法

本节针对纵横排水体系集水井抽排量进行优化,即根据对渠道的现场实际调查,并针对渠道不同运行期,制定不同的优化方法。针对渠道正常运行期的渗漏问题和渠道运行过程中经常出现的渗流、不均匀沉降、滑坡和水胀破的状况,本书结合工程实际,对稳定运行期和降水期两个时期进行分析。不同运行阶段的渠坡渗流稳定特性不同,使得相应的抽排水运行方式发生变化。对于运行稳定期,采取优化现有的渠基排水运行方式的方法;针对降水期,为快速降低渠坡内渗水压力,则设计一套带有逆止阀的单向曲线排水体系,从而使渠道水位下降期的渠坡渗水压力快速降低,保证渠道的安全运行。

5.2.1　渠道稳定运行期抽排井水位-流量关系公式

由前述可知,现有的集水井运行方式单一,不能将渗水及时排出。下文首先以渠道水位和集水井抽排量为自变量,对渠坡的膜后水位进行控制,通过合理的排水井抽水运行使得渗水"随来随走",进而减少渠坡的渗漏,提高渠坡的稳定性。其次,对竖向排水集水井进行拟合,得出每个集水井相应的渠道水位-膜后水位-集水井之间的拟合公式,并且给出相应的抽排水运行拟合公式,为北疆长距离输水工程正常运行期排水运行提供参考。

1. 抽排水体系最小二乘法拟合方法

不同的渠道水位和竖井抽排量,使得渠道膜后水位不同。本书采用多变量最小二乘法进行拟合,以测点渠道水位为自变量 x,竖井抽排量为自变量 y,测点膜后水位为因变量函数 $f(x, y)$ 进行拟合,拟合函数形式为 $f(x, y) = ax^2 + by$。最危险膜后水位,通过土体性质和防渗措施确定,分别拟合距离竖井 $500\sim800$ m 处的膜后水位与渠道水位、竖井抽排量的关系,以及竖井处膜后水位与该处渠道水位、抽排量的关系,并分别以远处和竖井来命名。最小二乘法被提出时在天体的运行计算中使用较多,目前研究者们常常用其求函数的最优解。采用最小二乘法进行曲线曲面拟合时,表示出每个离散点到拟合模型对应拟合点距离之和,为了使其最小,对求解系数求偏导,从而列出线性方程组,然后对式子进行求解,进而得出拟合图形。

渠道水位对渠道渗漏及排水体系的制定有至关重要的作用,渠道水位的变化对应着膜后水位的变化,进而使得抽排量发生变化。已知渠道通水期为每年的 4—10 月,最大水位为 5.3 m。随着上游来水量的增加,渠道水位也随之升高;新疆某输水渠道运行期初期水位基本成线性进行增长;运行稳定期渠道水位基本保持不变;停水期的水位成线性进行降落,渠道运行水位变化如图 5.2-1 所示。

对于渠道而言,集水井电机抽排量的大小决定着渗水内排效率。不同时期渠道水位不同,使得渠道的渗水量不同,进而影响着电机工作的不同时间间隔和不同工作时间。电机在不同工况下工作可使得膜后水位更好地降低到合理范围内(图 5.2-2)。

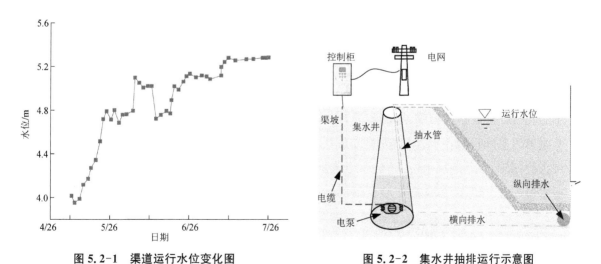

图 5.2-1　渠道运行水位变化图　　　图 5.2-2　集水井抽排运行示意图

抽排体系建立科学有效的对膜后渗水抽排的工作机制,通过对膜后水位的观测,利用渠坡的抽排水井降低渠道土体浸润线,防止渠堤土体遇水造成的各类破坏。某渠位于新疆北部,其所在地区降雨偏少,地下水埋深较深。因此,通水期间渠道渗漏水将是膜后水的最主要水源。在某渠沿线断面的渠顶沿石处设置了膜后水位观测管,如图5.2-3所示,该观测管与渠基连通,可以对渠道的"膜后水位"进行直接观测,也可通过渠道沿线已建成的监测平台获取膜后水位数据(图5.2-4)。

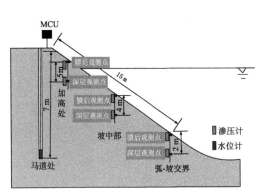

图 5.2-3　膜后水位观测示意图

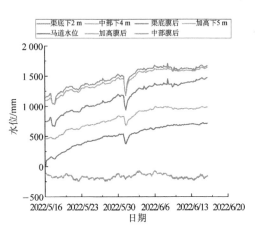

图 5.2-4　膜后水位变化图

2. 抽排水体系最小二乘法拟合结果

利用MATLAB数学软件的最小二乘法工具箱,对渠道运行过程中渠道运行水位、膜后水位和渠道日抽排水量三个变量之间进行多数据拟合。在某渠建有65个竖向排水集水井及其检测云平台,且经过实地调查,各个集水井平台都正常工作,并有专门工作人员进行检修和维护,采用内排水的形式,将渠道渗水内排到渠道内,并按照云平台程序进行抽排水时长运行及管理。由于某渠在渠道沿线的地形复杂,各区段的地质条件与防渗方式使得渗漏的产生具有不同特点。在渠道小渗漏情况下,集水井水位与膜后水位有显著的线性相关关系。膜后水位随干渠水位持续上升,集水井抽排水量随膜后水位增加而增加。针对各段实际情况进行分区段、分情况的排水作业,并对各区段的抽排函数进行加权。A_b为系数,函数形式相同,系数不同,对应着渠道的实际情况不同。以竖井11+450号为例,得出渠道运行水位、膜后水位和抽排水量三者之间的三维拟合示意图,如图5.2-5所示。

图5.2-5的拟合公式为:$f(x, y) = 0.075x^2 - 0.05y$,$R^2 = 0.903$。根据渠坡的土体性质和防渗措施,确定最危险膜后水位。进而,可以渠道运行水位和膜后水位为

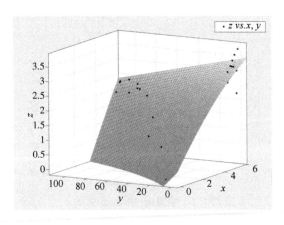

图 5.2-5　渠道水位-膜后水位-抽排水量
三维拟合示意图

自变量,求得抽排的作业量。同样,根据此方法可以得出各区段在不同时间内的抽排关系,使得浸润线控制在合理的范围内,提高渠坡的安全性,并且减少渠道的渗漏量,确保渠道的安全运行。

对沿线典型井进行拟合后,得到普遍化公式如下:

$$h_{\mathrm{m}}=ch_{\mathrm{q}}^2-dQ \tag{5.2-1}$$

式中:h_{m} 为膜后水位,m;

h_{q} 为渠道运行水位,m;

Q 为集水井抽排水量,m³/s;

c 为拟合系数,衬砌和防渗膜完好时取 0,衬砌和防渗膜有局部破损情况取 0.1,破损严重取 0.05;

d 为拟合系数,集水井完全堵塞失效时 d 取 0,抽排井无堵塞时取 0.017,局部堵塞时取 0.008。

函数拟合关键指标 $R^2>0.9$。

以北疆供水工程长距离渠道为例,停水期的水位由 5.5 m 降为 0,在降水位前需要将膜后水位控制在 1.5 m 以下,由式(5.2-1)计算得到 $Q_{\mathrm{排}}=3.45$ m³/s。在春融期,渠道水位从 0 升至 5.5 m,这一过程中渠坡再次入渗,强度降低,需要保证膜后水位低于 2.0 m,由式(5.2-1)计算得 $Q_{\mathrm{排}}=1.45$ m³/s。

5.2.2　基于水量动态平衡的竖向抽排水井间距优化

在季节性输水明渠沿线设置若干集水井,集水井的间距 L 根据沿线土的渗透系数 k、纵向排水管埋深 h、纵向排水管管径 D 及其比降 i 等确定,并根据渗流汇集流量与抽排水量平衡原则,提出集水井间距计算公式如下:

$$L=\frac{50\cdot\left(\frac{D}{2}\right)^{1/6}\cdot\frac{\pi D^2}{4}\sqrt{\frac{D}{2}\cdot i\cdot h}}{5.5k} \tag{5.2-2}$$

式中:D 为排水管径,m;

k 为参透系数,m/s;

i 为纵坡坡度,m;

h 为埋深,m。

集水井位置建议设置在渠堤外侧 50 m 左右,深度不低于渠底纵向排水管埋深 h,并与已建的横向排水管连通。

北疆供水工程沿线长度大于 100 km,断面为弧底梯形,衬砌采用预制八棱块人工铺设,衬砌下铺设"一布一膜"防渗,膜下砂浆垫层厚 30 cm。渠道每年 4 月下旬通水、10 月初停水。沿线设置了渠道纵横向排水管。针对北疆供水工程具体情况,按照式(5.2-2),在渠顶马道外侧 50 m 以内设置 1 批集水井,集水井的位置及与横向排水管的连接方式如图 5.2-6 所示。

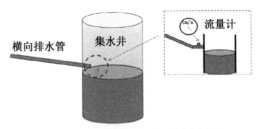

图 5.2-6 集水井的位置及与横向排水管的连接方式

已知土体渗透系数为 1×10^{-6} m/s,纵向排水管直径为 120 cm,比降为 1/5 000,埋深 2.5 m,则根据式(5.2-2)确定布置最大间距为 556.84 m,为施工方便,取整数 500 m 作为集水井间距。

综上,通过现场抽排井运行数据,拟合提出渠道运行水位-膜后水位-抽排水量关系公式,作为后续抽排定量化管理的依据。依据水量动态平衡原则,提出纵向抽排水井间距布置优化计算公式,同时依据春融与停水期管理需求,提出抽排水井最优抽排水量。通过抽排井间距及抽排量优化,为北疆长距离渠道渠基精准抽排方案管理和抽水泵功率选型提供了量化依据。

5.3 排水体系自清洁技术

5.3.1 渠道纵排体系自清洁技术方案

渠道纵横排水体系通畅与否对于渠道降水期安全有显著影响,现有渠道纵向排水体系在运行过程中经常发生排水不畅和淤堵,进而引发输水渠道的不均匀沉降和滑坡问题。长度短的横排水管可通过拉球复位装置进行清淤,但是距离较长的纵向排水管却难以清淤。因此针对总干渠的渠道纵向排水体淤堵问题,秉持提高纵向排水体渗水排出能力为原则,结合实际渠道排水体系的布置、渠道水位和渠道渗漏情况,提出基于渠道运行水位水压,采用纵排沿线间隔布置单向止逆阀并控制启闭,形成纵向排水管内脉冲水压,实现定期冲刷管道淤积物的自清洁技术。

为验证自清洁技术的可行性,确定单向逆止阀布置间距,采用模型试验对脉冲水压和水流沿程变化规律进行研究。

5.3.2 圆管缩尺模型试验

1. 模型试验布置

渠道排水体系的堵塞问题涉及水动力学、渗流力学、管道水力学等。渠道自清洁问题的主要研究方法有原型观测、模型试验以及数值模拟。对于北疆供水工程总干渠排水体系,由于排水体系位置难以观测和原型观测具有不可重复性,难以采用原型观测对变量进行有效的控制。所以十分有必要基于相似定律,在连续时间内对渠道排水体系进行自清洁模型试验研究,得出排水管中流速和压力水头的变化规律。按照重力相似准则,设定相似律为1:5,试验模型布置如图5.3-1所示。

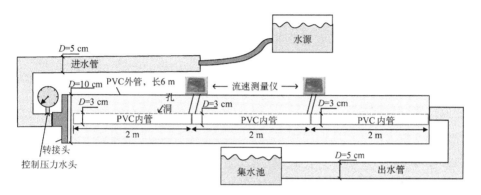

图5.3-1　试验模型布置示意图

已知渠道使用的纵向排水管直径为12 cm,按照重力相似准则,以比例尺为1:4进行模型试验。试验模型长为8 m,由水车、压力表、进水管、套管、文丘里流量计、出水管和集水池组成。试验步骤为:外管道直径为10 cm,内部花管直径为3 cm,采用无纺布包裹内部花管模拟现场反滤布料;内外管间充填渠道排水沟槽反滤料;使用文丘里流量计计算流速,在试验模型的0 m、3 m和6 m处进行测量;利用供水压力管道水源进行试验。现场试验装置如图5.3-2和图5.3-3所示。

图5.3-2　内部花管及无纺布

图5.3-3　自清洁试验装置布置

2. 试验步骤

在进行渠道自清洁试验过程中,根据渠道排水、渠道自清洁技术要求,在尽可能真实地模拟渠道排水体的水流和阻力状态条件下,设置渠道排水体系自清洁试验步骤如下。

① 将试验装置组装连接完成之后,开启水源,将水压控制在允许误差范围之内。在进行压力试验时,须在水流充满管道之后开始试验;在进行脉冲试验时,控制水源开启的时间间隔,形成对试验管段的脉冲水流。

② 观察并记录试验管段水流流速和压力水头沿程变化的试验数据。

③ 分析处理数据,再进行下一组试验。

3. 试验工况

考虑到渠道运行过程中渠道纵向排水体经常发生堵塞,将试验过程分为脉冲试验和压力试验。利用水源水压替代单向逆止阀开启时的渠道水压,用大管径的 PVC 管模拟渠道排水体系的恒压状态。在试验进行时,利用水源开关控制试验的类型,当水源提供恒定水压时进行压力试验,当水源提供脉冲水压时进行脉冲试验。

① 脉冲试验。脉冲试验是针对在渠道小渗漏或渠道停水期时,渠道纵向排水管内没有满流的情况。此时,纵向排水管内易产生盐结晶,使得纵向排水体中排水管堵塞,不利于渠道的正常运行。实验时,通过对渠道纵向排水管设置单向逆止阀,利用水压的脉冲作用对纵向排水管进行清洁。试验水头设置为 1 m,脉冲时间为 1 min,间隔为 3 min;试验过程中观测沿程排水管的水头压力变化和流速变化。

② 压力试验。压力试验是针对渠道运行期纵向排水管满流运行的情况,此时纵向排水管内不易产生盐结晶,但纵向排水管中流速分布情况和纵向排水管的糙率不确定。实验时,在恒定水头情况下,对纵向排水管的流速进行测量,得出纵向排水管的水头压力变化和管道流速,实验数据可以为渗水随来随走、渠道长期运行的自清洁技术提供依据。

4. 试验结果分析

本书提出长距离输水渠道纵向排水自清洁技术方案,得出试验过程中的水头压力、水流参数变化规律。

在压力试验过程中,水流自水源流经试验管段,从出口处流出,试验管段出口处的压力值为 0,在进口处的压力水头为 27 cm,距离进口 80 cm 处的压力水头为 22 cm,距离进口 340 cm 处的压力水头为 12 cm;根据试验数据,可以得出沿程压力水头的分布,如图 5.3-4 所示。可以看出,压力水头沿管径方向呈线性变化,经拟合得出拟合公式 $y=-0.043\,8x+26.414$。

在试验过程中,使用流速测量仪测定实验管段中内管的流速,根据在试验管段流速仪的分布得出内管沿试验管径方向的流速分布情况,如图 5.3-5 所示。可以看出,流速沿管径方向呈线性增加,得出拟合公式 $y=0.112\,5x+0.133\,3$。

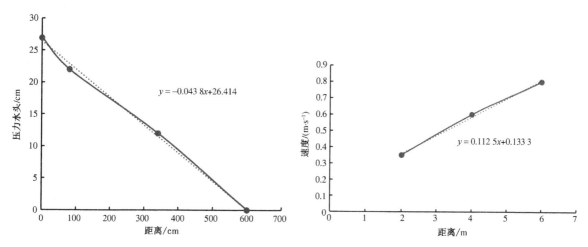

图 5.3-4　纵向排水管沿程压力水头变化规律　　　　图 5.3-5　纵向排水管沿程流速变化规律

从测量试验管段的压力和流速变化过程可见,流速和压力沿管径基本呈线性变化,并得出流速和压力沿程变化的拟合公式,为实际自清洁工程的运用提供依据。

5.3.3　渠道足尺模型试验

1. 模型试验布置

根据渠道纵横排水实际尺寸进行 1:1 试验(图 5.3-6),测定沿花管管径方向的流速变化。在现场选择退水渠为试验场地,试验段长度为 500 m,坡降为 1:500;开挖 1 m 深度布置试验花管和反滤料,控制体从上到下分别是透水体、排水体、有孔排水管和相对不透水层。在 0 m、100 m、200 m、300 m、400 m、500 m 处用文丘里流量计计算流速。

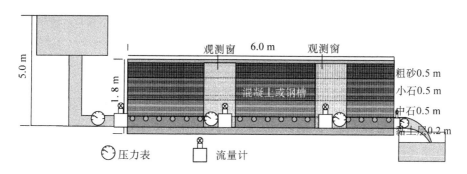

图 5.3-6　足尺模型试验布置示意图

2. 试验步骤

① 修建与总干渠排水沟槽尺寸相同(宽×深＝2 m×1.8 m)的混凝土沟槽,沟槽内以铺垫一层 20 cm 厚黏土作为基础,按 1:500 坡比铺设 φ150PVC 花管,间隔 2 m 安装超声波流

速仪和压力计。

② 对传感器保护后,从下到上按照中石、小石、粗砂各 50 cm 进行填埋,填埋过程中注意保护传感器及其数据线。

③ 采用调压水泵作为压力水来源,连接水泵与上游管道入口。下游出口安装超声波流速仪和压力计。

④ 连接传感器数据采集仪并测试后,进行初次通水调试。

⑤ 试验开始之后记录流量、压力数据,进而确定沿纵向排水体中排水管管径方向的流速梯度分布。

⑥ 整理此次试验数据,改变试验水头,进行下次试验。试验水头分别采用 4 m、4.5 m、5 m 和 5.5 m。试验过程如图 5.3-7~图 5.3-11 所示。

3. 试验结果分析

不同压力下排水管内沿程水头与沿程流量变化如图 5.3-12 和图 5.3-13 所示,沿程水头损失平均为 0.28 m。中间管段由于水压较大,管内水进入反滤料导致流量有所损失;管

图 5.3-7　修建沟槽与铺设排水管

图 5.3-8　铺设传感器连接与保护

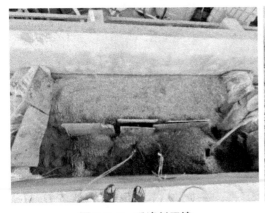
图 5.3-9　反滤料回填

图 5.3-10　通水试验

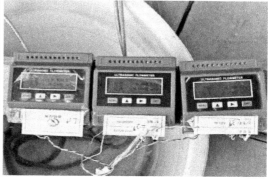

图 5.3-11　数据采集

段后部随着压力降低,反滤料内渗漏滞留水回流后,流量增加。由压力水头和流速水头叠加计算得到总水头变化,并采用幂函数对总水头与距离关系进行拟合,其结果如图 5.3-14所示。

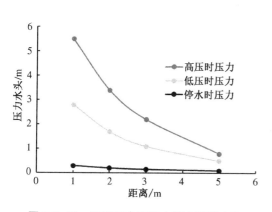

图 5.3-12　不同压力下排水管内沿程水头

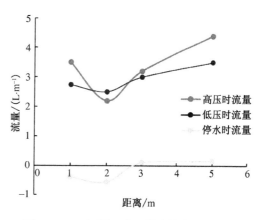

图 5.3-13　不同压力下排水管内沿程流量

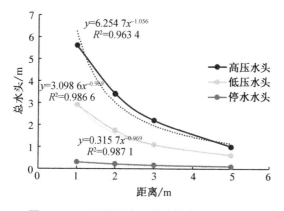

图 5.3 14　不同压力下排水管内沿程总水头

根据滤水花管内总水头-距离拟合公式,令出口压力水头为0,流速保持大于0.1 m/s,则得到计算距离为25 m,以此确定单向逆止阀设置距离低压为80 m,高压为100 m,取最小值,则为80 m。

在管道中加入泥沙后通水,可以明显看到泥沙排出,如图5.3-15所示,说明脉冲自清洁方案可以起到冲淤效果。

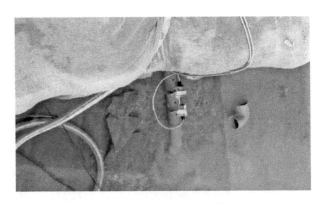

图5.3-15　泥沙淤积物排出效果

综上可见,利用渠道水位为压力来源,控制所设置的单向逆止阀启闭,形成脉冲水流,可以实现对长距离纵向渠底排水管的定期冲淤清洁。针对该技术的可行性和逆止阀间距设计等问题,分别设计圆管缩尺和沟槽足尺试验对排水管水流特性进行研究,并得到纵向排水管沿程压力和流速变化拟合关系式,根据拟合关系式,得到单向逆止阀最大布置间距为80 m时,可以保证管内流速不小于0.1 m/s,此时泥沙等非粘接性淤积物可顺利排出。

5.4　排水体系对渠堤稳定性的有益效果数值仿真验证

为研究渠道在不同排水作用下的渗流情况,针对渠道不同运行期和不同排水方式进行划分,分析不同工况和排水形式下的渠道渗流情况。首先,进行渠道在渠基排水情况下排水通畅和排水堵塞时的渠道渗流计算,再进行渠坡曲线排水形式的渗流计算,并且分为降水期和正常运行期,选取排水方式、渠道运行水位下降速率作为计算变量。已知,北疆供水工程渠道停水历时一般为10 d左右,故数值计算过程中分别设置排水时长为8 d、10 d、12 d,以探讨排水时间对于渠道边坡稳定性的影响,如图5.4-1所示。基于渠道土体的直剪试验数据结果,采用强度折减法进行计算,探讨不同工况和排水形式对于渠道边坡渗流稳定性的影响。

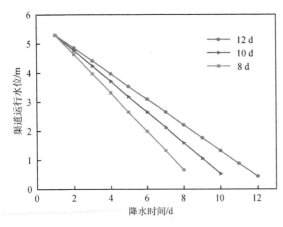

图5.4-1　降水期水位降落示意图

5.4.1 运行期渠基排水对渠坡渗流场影响分析

渠基排水在运用过程中易发生堵塞情况。在渠道正常运行期,应考虑渠道排水通畅和堵塞两种情况。在渠道水位稳定期,渠道内部的孔隙水压力和渠坡的应力状态会随着渠道排水的影响发生变化。在计算渠基排水作用时,考虑渠道正常运行水位 5.3 m 时的正常渗流情况,不考虑降雨对渠坡渗流的影响,渠道运行水位设定为定水头边界。当渠基排水管正常运行过程中,长时间存在于渠道运行过程中的渗水通过排水通道排出。当渠基排水管发生堵塞时,通过 Comsol 有限元软件进行渗流计算,得出渠坡正常运行期排水通畅和堵塞情况的渗流场分布情况,如图 5.4-2 所示。可以看出,相较于渠道正常运行过程中的渠坡内部孔隙水压力,渠道排水堵塞情况时的孔隙水压力大于渠道排水正常情况时的孔隙水压力。

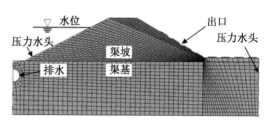

图 5.4-2 渠基排水有限元模型示意图

渠道渠基抽排水通过设置在渠坡上的集水井进行抽排,渠坡排水量根据集水井的抽排量设置渠坡渠基排水的边界条件。根据现场实测的抽排水量为 0.001 m³/s,已知渠坡排水管管径为 10 cm,抽排水时间为间隔 2 h 进行抽排 1 次,则可设置渠坡排水出口边界为 0.5 m/s。考虑到排水管流速过低时易引起淤积,从而造成排水设施失效,当排水发生淤积堵塞时,排水边界出口设置为 0 m/s。从而得到渠基排水正常且正常运行水位时渠坡压力水头分布,以及渠基排水堵塞且正常运行水位时渠坡压力水头分布,分别如图 5.4-3、图 5.4-4 所示。

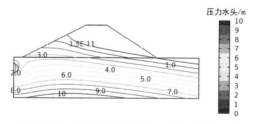

图 5.4-3 渠基排水正常且正常运行水位时渠坡压力水头分布

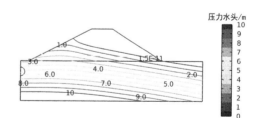

图 5.4-4 渠基排水堵塞且正常运行水位时渠坡压力水头分布

图中线条表示压力水头,最上面的一条线表示渠坡内水头压力为 0 m 的位置。正常的运行水位为 5.3 m,渠基排水正常且正常运行水位时,在渠底排水位置处的压力水头存在明显的下降趋势,有较大的水力梯度。

相对比于渠道排水堵塞情况,渠道排水正常不堵塞的浸润线和排水处的压力水头均小于水位稳定期,排水正常运行时排水管的水头坡降较大,在排水发生堵塞时水头坡降较小,压力水头呈近乎平行线状态。但是,在渠坡浸润线以下的其他位置,排水通畅时的压力水头比排水堵塞时的压力水头低1m左右。

渠道运行过程中较多的时间处于运行稳定期,并且渠基纵向排水在运行过程中经常出现堵塞问题,因此,计算正常运行水位时渠道纵向渠基排水堵塞时的稳定性至关重要。北疆供水工程渠道在正常运行时,水位基本稳定在5.3m,边坡设定透水层,并设置渠基排水方式。在恒定水头下,水流向渠坡内部慢慢渗透,土体强度逐渐弱化,对边坡稳定性不利,且输水渠道在5—10月进行通水。

在渠道的稳定运行期,利用强度折减法进行渠坡稳定性的计算,得到渠道的等效塑性应变图,如图5.4-5所示。由图5.4-5可知,在安全系数(FS)为2.08时,可以基本形成贯通渠坡的塑性变形区域,再结合现场实际调查可见,渠道在运行稳定期可以安全运行。

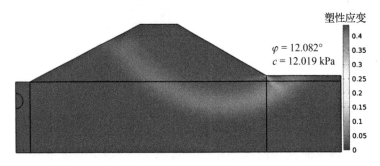

图5.4-5 运行稳定期渠道等效塑性应变图($FS=2.08$)

在渠道运行稳定期,渠坡位移分布云图如图5.4-6所示。在正常运行期水位为恒定水位5.3m,渠道的排水发生堵塞,渠道破坏发生在背水坡,且发生破坏时,边坡安全系数为2.08。

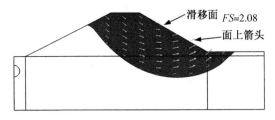

图5.4-6 运行稳定期渠坡位移分布云图

通过对渠道稳定运行的渗流稳定性计算,分析渠道的压力水头、塑性变形和位移分布可见,纵向渠基排水通畅有利于渠道的排水。进而计算纵向渠基排水堵塞情况的渠道稳定性,得出安全系数$FS=2.08$,大于1.35,满足安全要求。

5.4.2 渠道水位降落期渠基排水效果分析

为降低渠坡内部的浸润线水位和防止渠道扬压力的破坏,对比纵向渠基排水和渠坡横向排水的效果,为渠道降水期选择渠坡内部浸润线下降速度较快的方式进行排水,并对不同的管径、间距和降水时间三种变量变化情况下的渠道排水效率进行分析。排水管的间距考虑三种情况,分别为0.5m、2m和3.5m;排水管管径考虑三种情况,分别为10cm、15cm

和 20 cm;不同的降水时间考虑三种工况,分别为 8 d、10 d、12 d。利用 Comsol 有限元软件对不同工况下的渠坡排水效果进行分析,得出相应工况下的排水效果,并比较其结果。特别地,对水位降落到渠底的不同降水时间、渠道发生水胀等破坏情形进行了分析。

降水期排水通畅和堵塞的压力水头分布,如图 5.4-7~图 5.4-9 所示。降水时长为 8 d 时,在排水堵塞的情况下,渠道的水位降为 0 m,渠基的压力水头为 3.2 m;降水时长为 10 d 时,在排水堵塞的情况下,渠道的水位降为 0 m,渠基的压力水头为 3.1 m;降水时长为 12 d 时,在排水堵塞的情况下,渠道的水位降为 0 m,渠基的压力水头为 3.1 m。降水时长为 8 d 时,在排水通畅的情况下,渠道的水位降为 0 m,渠基的压力水头为 1.7 m;降水时长为 10 d 时,在排水通畅的情况下,渠道的水位降为 0 m,渠基的压力水头为 1.6 m;降水时长为 12 d 时,在排水通畅的情况下,渠道的水位降为 0 m,渠基的压力水头为 1.5 m。由此可知,在相同的降水时长内,排水正常时与排水堵塞时相比,排水正常情况的渠坡内部水压力相对较小。同时,在排水正常运行期,降水时间越长,渠坡内的水压力就越小。相比于水位稳定期,水位降落期的浸润线和排水处的压力水头均小于水位稳定期。

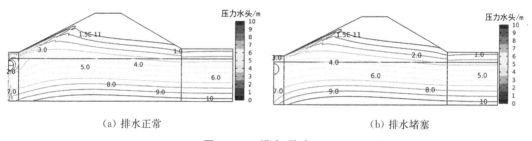

（a）排水正常　　　　　　　　　　　（b）排水堵塞

图 5.4-7　排水-降水 8 d

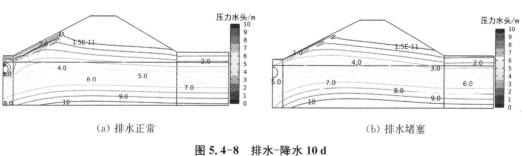

（a）排水正常　　　　　　　　　　　（b）排水堵塞

图 5.4-8　排水-降水 10 d

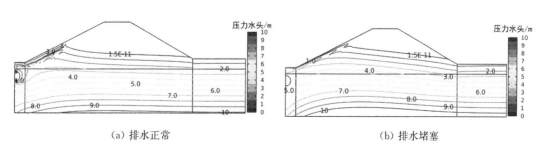

（a）排水正常　　　　　　　　　　　（b）排水堵塞

图 5.4-9　排水-降水 12 d

在渠道水位降落期,容易因为渠坡内部的渗水不能及时排出,使得渠道底部水压过大,发生水胀破坏。所以,渠道衬砌板破坏是十分重要的问题,对于工程的安全运行产生重要影响。渠坡大面积的衬砌破坏导致渠道的输水能力下降,严重影响工程安全运行,以及渗流引发的渠坡不均匀沉降等问题。因此,十分有必要研究渠道降水位期,渠道的衬砌板受压情况,通过分析不同水位和不同水位降落时间等工况,计算渠道水胀破坏情况,如图 5.4-10 所示。为保证渠底衬砌板的平衡,根据力学平衡原理,应满足如下公式:

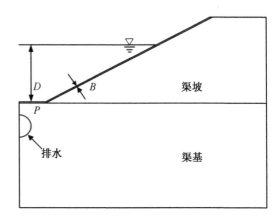

图 5.4-10 渠道水胀破坏计算示意图

$$\gamma_w h \leqslant \gamma_w D + (\gamma_c - \gamma_w) \tag{5.4-1}$$

式中:h 为当前水位,m;

γ_c 为混凝土衬砌容重,kN/m³;

γ_w 为水的容重,kN/m³;

D 为水深,m。

在一定压力水头作用下,衬砌板厚度 B 需要满足:

$$\gamma_w(H - x - D)/(\gamma_c - \gamma_w) \leqslant B \tag{5.4-2}$$

式中:H 为总水头,m;

x 为当前位置高程,m;

D 为参考位置高程,m。

当衬砌板厚度一定时,应满足:

$$h - D \leqslant B(\gamma_c - \gamma_w)/\gamma_w \tag{5.4-3}$$

计算渠道水位降落期渠道发生的水胀破坏:设定渠道的衬砌板顶面水压力,在水位降为 0 m 时水压力为 0。此时,渠基内部的水压力作用于衬砌板,衬砌板厚度为 6 cm,采用混凝土衬砌板的饱和容重 25 kN/m³。可知,当安全系数满足 $K_f \geqslant 1.05 K$ 时,则要求 $\Delta h \leqslant 0.14 \, m(1.4 \, kPa)$。计算得到在水位降落期的渠基排水过程中,渠基压力水头均大于 1.4 m,而安全要求最大的压力水头不大于 1.4 m。显然,在运行过程中,渠道容易发生渠基衬砌板的破坏,不利于渠道的安全运行。为对比渠道纵向渠基排水布置情况,进行横向曲线排水的渗流稳定计算,计算内容包括不同管径、不同水位降落期和不同排水间距的渠道渗流情况。

5.4.3　不同管径横向渠坡排水效果分析

不同管径的渠坡曲线排水对渠坡的排水效果有着重要的影响。在排水管运行过程中，两根排水管中点位置处的浸润线最高。因此，在分析不同排水管管径对渠坡排水的影响时，取排水管截面和两根排水管中点位置的截面进行分析。为了更好地将渠坡内的渗水排出，分析不同管径对渠坡的排水效果的影响。设定排水间距不变、排水管之间的间距为 2 m、水位降落期时间为 10 d，对渠坡设置不同管径的曲线排水进行分析，选择 10 cm、15 cm 和 20 cm 三种不同的排水管管径进行分析，排水管截面和两根排水管中点截面的渗流计算结果分别如图 5.4-11～图 5.4-13 所示。

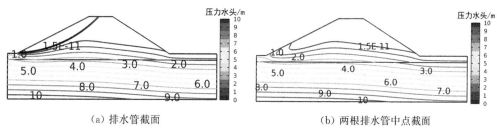

（a）排水管截面　　　　　　　　　　　（b）两根排水管中点截面

图 5.4-11　水位降落期 10 d、管径 10 cm 的渠坡压力水头

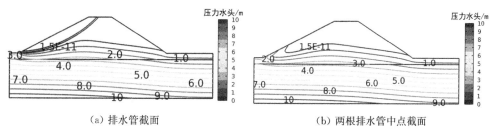

（a）排水管截面　　　　　　　　　　　（b）两根排水管中点截面

图 5.4-12　水位降落期 10 d、管径 15 cm 的渠坡压力水头

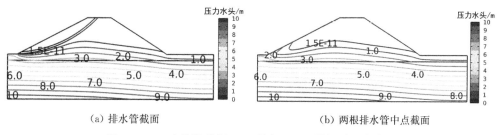

（a）排水管截面　　　　　　　　　　　（b）两根排水管中点截面

图 5.4-13　水位降落期 10 d、管径 20 cm 的渠坡压力水头

在排水过程中，10 cm、15 cm 和 20 cm 三种不同管径的渠基排水截面处的水头压力分别为 1.33 m、1.34 m 和 1.35 m，渠基扬压力的承受能力极限为 1.4 m，满足要求。在两根排水管中点截面处的界面上，三种管径的排水管渠基水头压力均为 1.35 m，满足渠基扬压力的承受能力。这说明增加排水管的管径对渠坡的排水效果影响不大，且对于排水时长为

10 d、排水管间距为 2 m 的工况下,渠基的压力水头差较小,渠坡内部的压力水头相对于渠基排水的压力水头也较小。在对不同管径进行稳态分析时,不同管径的排水效果相同,可见在渠道降水期时排水管径从 10 cm 增大到 20 cm,相应的排水效果发生较小的变化,渠道排水管管径和排水效果呈现正相关的关系不明显(图 5.4-14)。综上可知,在不同管径的排水效果过程中,排水管径从 10 cm 增大到 20 cm,渠基的压力水头在不断降低,从 1.35 m 到 1.33 m,相差 0.02 m,两根排水管中点截面的压力水头相同,为 1.35 m,均小于 1.4 m,满足安全要求。

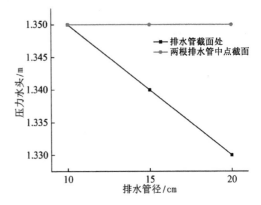

图 5.4-14　不同管径横向渠坡排水不同位置的压力水头变化规律

5.4.4　水位降落期排水对渠道稳定性的影响

在渠道运行过程中,降水期为最危险的工况,计算该工况下的渠道应力应变场十分重要。在渠基排水情况下,用强度折减法进行渠坡稳定性分析计算时,随着强度折减系数的变化,边坡内部会发生不同的塑性形变,渠坡的塑性变形情况是判断渠坡稳定性的依据,但是渠坡内部土体性质不同,渠坡发生塑性形变的位置也不相同。因此,针对渠道在降水期渠道排水正常运行和渠道排水运行堵塞两种情况,通过 Comsol 软件进行数值模拟,计算渠基的渗流稳定性。

在降水期,渠道排水运行是否正常将影响渠道的渠道塑性变形和稳定性。针对渠道排水正常运行的情况,根据真实渠道尺寸,按照 1∶1 比例建立模型,渠道采用 10 cm 渠基排水管径,降水位采用 8 d、10 d 和 12 d 从正常运行水位 5.3 m 降至 0 m 的三种工况,对渠道排水正常运行过程进行数值模拟计算,得到渠道等效塑性应变结果,如图 5.4-15~图 5.4-17 所示。

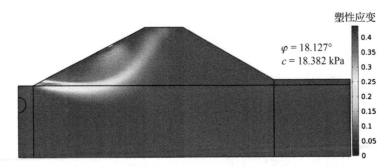

图 5.4-15　渠道排水通畅过程中 8 d 水位降落期的渠道等效塑性应变图($FS=1.36$)

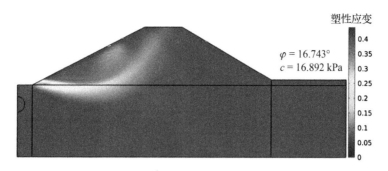

图 5.4-16 渠道排水通畅过程中 10 d 水位降落期的渠道等效塑性应变图($FS=1.48$)

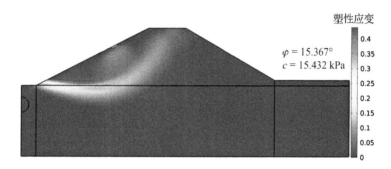

图 5.4-17 渠道排水通畅过程中 12 d 水位降落期的渠道等效塑性应变图($FS=1.62$)

渠道排水通畅过程中,8 d 水位降落期、10 d 水位降落期和 12 d 水位降落期利用强度折减法计算的 c、φ 值分别为 $c=18.127$ kPa、$\varphi=18.382°$, $c=16.743$ kPa、$\varphi=16.892°$ 和 $c=15.367$ kPa、$\varphi=15.432°$,安全系数分别为 1.36、1.48 和 1.62,均满足稳定性要求。

同样,在降水期,针对渠道排水运行堵塞情况下,根据强度折减法,计算得出在不同强度折减系数下的渠道塑性变形分布,如图 5.4-18、图 5.4-19 所示。由计算结果可知,8 d 水位降落期利用强度折减法计算的 c、φ 值分别为 $c=18.380$ kPa、$\varphi=18.657°$,安全系数为 1.34;10 d 水位降落期和 12 d 水位降落期的 c、φ 值相同,分别为 $c=17.408$ kPa、$\varphi=$

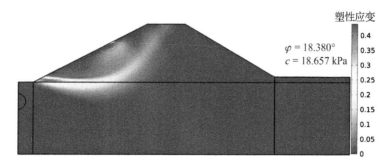

图 5.4-18 渠道排水堵塞情况下 8 d 水位降落期的渠道等效塑性应变图($FS=1.34$)

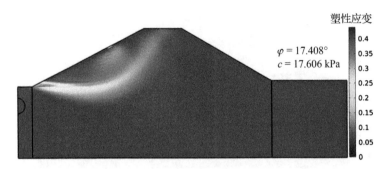

图 5.4-19　渠道排水堵塞情况下 10 d 水位降落期的渠道等效塑性应变图(FS＝1.42)

17.606°,安全系数为 1.42。可见,在降水期为 8 d 时,渠坡的稳定性不能得到保证,且在降水期为 10 d 和 12 d 时安全系数较小。

由图 5.4-18 可知,渠道模型在安全系数为 1.34 时,发生塑性应变位移,形成贯通坡脚和坡顶的塑性变形区域;由图 5.4-19 可知,10 d 水位降落期的安全系数为 1.42,与 8 d 水位降落期时的安全系数相近,渠坡发生塑性应变位移,形成贯通坡脚和坡顶的塑性变形区域。

综上,通过分析纵向渠基排水在渠道运行稳定期和水位降落期的渗流稳定性计算,得出以下结论:

① 对渠道运行稳定期进行纵向渠基排水堵塞和排水通畅的渗流稳定性计算,对比纵向渠基排水堵塞和排水通畅两种情况的压力水头分布,得出排水通畅时在排水管附近的压力水头梯度较大,并对排水堵塞时进行稳定性计算,得出安全系数 $FS＝2.08$,可见,寒区渠道可以安全运行。

② 对渠道水位降落期,考虑排水体通畅与否,对渠道稳定性进行计算,得出渠道的等效塑性应变、位移分布和安全系数。计算表明,降水期排水管对于渠基稳定性影响非常显著,排水通畅时渠坡安全系数可以满足稳定要求,但排水管堵塞后,容易出现贯通塑性区,导致渠道边坡失稳。

参考文献

[1] 仇巅,王羿.北疆长距离供水渠道渗漏险情模式与成因分析[J].工程建设与设计,2022(24):223-225.

[2] 江浩源,王正中,刘铨鸿,等.考虑太阳辐射的寒区衬砌渠道水-热-力耦合冻胀模型与应用[J].水利学报,2021,52(5):589-602.

[3] 王正中,江浩源,王羿,等.旱寒区输水渠道防渗抗冻胀研究进展与前沿[J].农业工程学报,2020,36(22):120-132.

[4] 王羿,王正中,刘铨鸿,等.基于弹性薄层接触模型研究衬砌渠道双膜防冻胀布设[J].农业工程学报,2019,35(12):133-141.

［5］江浩源,王正中,王羿,等.大型弧底梯形渠道"适缝"防冻胀机理及应用研究[J].水利学报,2019,50(8):947-959.

［6］王羿,刘瑾程,刘铨鸿,等.温-水-土-结构耦合作用下寒区梯形衬砌渠道结构形体优化[J].清华大学学报(自然科学版),2019,59(8):645-654.

［7］徐虎城,刘雨昕,王羿,等.考虑冻胀及水力断面双优梯形最佳断面[J].岩土工程学报,2022,44(S2):203-206.

［8］JIANG H Y, GONG J W, WANG Z Z, et al. Analytical solution for the response of lined trapezoidal canals under soil frost action[J]. Applied Mathematical Modelling,2022(107):815-833.

［9］WANG Y, ZHANG C, WANG Z Z, et al. Research on film insulation technology for artificial, open water delivery canals based on solar heat radiation utilization[J]. Sustainability, 2022,14(9):1-12.

［10］张晨,陈红永,王羿,等.寒区工程离心模型试验地基表面换热特性及热边界设置方法研究[J].水利学报,2023,54(6):729-738.

［11］张晨,王羿,韩孝峰,等.考虑接触损伤效应的衬砌渠道冻胀过程数值模拟方法[J].岩土工程学报,2022(Z2):188-193.

［12］蔡正银,朱洵,张晨,等.高寒区膨胀土渠道劣化机理[M].北京:科学出版社,2020.